U0616262

# 煤层气在储层中的
## 吸附解吸规律及其压裂液增产

技术研究

周成裕　李　俊 /著
贾振福　黄磊光

西南交通大学出版社
·成都·

图书在版编目（ＣＩＰ）数据

煤层气在储层中的吸附解吸规律及其压裂液增产技术研究 / 周成裕等著. —成都：西南交通大学出版社，2019.11

ISBN 978-7-5643-7149-4

Ⅰ. ①煤… Ⅱ. ①周… Ⅲ. ①煤层 – 地下气化煤气 – 油气开采 – 吸附分离 – 研究②煤层 – 地下气化煤气 – 油气开采 – 压裂液 – 增产 – 研究 Ⅳ. ①P618.11

中国版本图书馆 CIP 数据核字（2019）第 206082 号

Meicengqi zai Chuceng zhong de Xifu Jiexi Guilü Jiqi Yalieye Zengchan Jishu Yanjiu

**煤层气在储层中的吸附解吸规律及其压裂液增产技术研究**

周成裕　李　俊　贾振福　黄磊光　著

| | |
|---|---|
| 责任编辑 | 张华敏 |
| 特邀编辑 | 陈正余 |
| 封面设计 | 原谋书装 |

| | |
|---|---|
| 出版发行 | 西南交通大学出版社 |
| | （四川省成都市金牛区二环路北一段 111 号 |
| | 西南交通大学创新大厦 21 楼） |
| 邮政编码 | 610031 |
| 发行部电话 | 028-87600564　028-87600533 |
| 官网 | http://www.xnjdcbs.com |
| 印刷 | 四川煤田地质制图印刷厂 |

| | |
|---|---|
| 成品尺寸 | 170 mm×230 mm |
| 印张 | 7.25 |
| 字数 | 131 千 |
| 版次 | 2019 年 11 月第 1 版 |
| 印次 | 2019 年 11 月第 1 次 |
| 定价 | 50.00 元 |
| 书号 | ISBN 978-7-5643-7149-4 |

图书如有印装质量问题　本社负责退换

版权所有　盗版必究　举报电话：028-87600562

# 前　言

随着当今世界能源的日益短缺，石油、天然气等常规能源的供给已经难以满足社会经济发展的需要，而能够改变这一现状的有效途径就是加大对非常规能源的开发利用，并且以此作为原油的补充能源。国际上已经把勘探、开发煤层气能源作为 21 世纪能源发展的主要议题之一。

为了能够研究煤储层的矿物特征及甲烷的吸附解吸规律，从而指导煤层气的开发，本书选取了辽河的阜新煤矿和五龙煤矿的煤岩样品，整个研究过程以煤的物理化学性质为基础，以吸附实验为手段，利用了物理化学、界面化学、煤岩学和煤化学等多门学科的理论和方法。

本书首先对煤矿的自然地质情况进行了相关研究和了解；随后钻取煤样，进行了红外光谱分析（IR）、扫描电镜（SEM）和 X 射线衍射（XRD）等实验，研究了煤岩储层的矿物成分及化学组成，得出了煤中的基本官能团，并确定了煤岩储层的矿物组成；通过压汞以及高温高压三轴岩石力学测试实验等，研究了煤岩储层的物性，其中包括煤岩的孔隙类型、孔隙形态、孔隙度、孔隙分布特征、孔隙内表面积、割理、煤岩渗透率以及煤岩的力学性质等。通过研究这些矿物特性，得出了以下结论：煤岩中含有大量的黏土矿物，在压裂施工过程中要充分考虑流体对黏土的膨胀作用，尽量避免因为流体对煤岩的不配伍而导致对储层的伤害，所以考虑用清洁压裂液；选取的煤岩以气孔吸附为主，气孔属于微孔或者小孔，能够给甲烷的吸附提供一定的场所，且割理发育良好，具备储气和出气条件；煤层具有高滤失性，这就决定了在煤层压裂中造长缝是比较困难的，为了能较好地解决这一问题，提出对煤层采用"砂堵"的工艺技术。

通过研究煤岩储层的化学成分，得出 $CO_2$ 较甲烷吸附能力强的结论。运用实验室自制的吸附解吸实验装置，研究了煤岩储层中甲烷随孔隙压和围压的变化而变化的吸附－解吸规律，得出了煤岩中甲烷的吸附量随孔隙压的增大而增加、随围压的增大而减少的结论，并随后研究了甲烷与 $CO_2$ 随围压变化的竞争吸附-解吸规律，可以看出随着围压的增加，甲烷的峰高、峰面积和含量都呈现下降的态势，而 $CO_2$ 则呈现出先增加而后又下降的态势，所以在现场施工的时候应注意注入 $CO_2$ 的时间，随时关注井下的压力问题。

通过对上述所得的实验参数进行分析研究，并结合油气田开采经验，提出了在压裂过程中伴随压裂液注入 $CO_2$ 以提高煤层气采收率的技术。研究工作主要分为三个部分：① 筛选出配方中各主剂以及各种添加剂的种类及加量；② 分析泡沫体系稳定性的影响因素；③ 对所得配方进行性能的评价。通过实验得出泡沫体系的配方后，它的性能多数是根据水基压裂液的标准 SY/T5107—2005 进行评价的。因为现在关于泡沫体系并没有一个统一的评价标准，而且泡沫的性能主要取决于基液的性能，实验中所用的 CVRO200 型高温高压流变仪要求所测式样不能含有气泡，所以对泡沫基液的黏弹性和流变性进行了评价，为泡沫的流变性提供一个参考。对泡沫用六速旋转粘度计测其黏度，根据公式求出流动行为指数和稠度系数，与基液的流变参数进行比较并分析。

评价结果显示，实验得出的清洁泡沫体系在 45 ℃下，黏度可达 130 mPa·s。经过 90 min 的剪切，黏度的保留率为 56%，剪切停止后，黏度可以快速恢复；滤失较低，滤失系数为 $3.7769 \times 10^{-4}$ m/min$^{1/2}$；陶粒的单颗粒沉降速率仅为 0.128 mm/s，携砂能力较好；与地层水配伍性良好，与辽河阜新各矿的多个水样按照多个比例混合均未见有沉淀产生；对辽河阜新矿的煤岩心进行伤害实验，岩心伤害率平均为 10.5%，相比之前的聚合物压裂液的伤害低很多。

通过对泡沫体系稳定性的影响因素的研究发现，对注 $CO_2$ 清洁泡沫体系影响较大的因素有泡沫质量、温度、起泡剂和稳泡剂的浓度、矿化度等；对伴注 $CO_2$ 的 VES 压裂液形成的清洁泡沫体系进行了详细的性能评价，并且首次提出将此 $CO_2$ 清洁泡沫体系应用到煤层气增产中。目前国外有少许关于注 $CO_2$ 至清洁压裂体系中形成泡沫的理论研究和常规油气井的现场应用，但在煤层气中的应用未见报道。本书对该压裂体系进行了系统的研究和评价，对提高煤层气的采收率具有一定的指导意义。

本书的部分研究内容已经获得授权发明专利或以期刊论文的形式刊出，希望通过上述研究工作，为煤层气的吸附规律和 $CO_2$ 清洁泡沫体系的应用提供理论依据和方法借鉴。本书的研究得到了西南石油大学陈馥教授的指导，重庆科技学院研究生黄强、雷茗尧对本书进行了整理工作。本书得到了西南石油大学、重庆科技学院、重庆市油气田化学工程技术研究中心的支持，得到了国家自然科学基金（51604052）、重庆市科技局面上项目（cstc2019jcyj-msxmX0064）、国家重大专项（中石化石油勘探开发研究院）外协项目（2016ZX05014-005-007）的资助，在此深表感谢。

因作者水平有限，书中难免存在疏漏之处，敬请读者批评指正。

作 者

2019 年 6 月

# 目　录

# 第 1 章　绪　论

## 1.1　研究的背景、目的和意义

随着世界经济的快速增长，世界各国对能源的需求量也日益增大，石油等常规能源的供给已经很难满足现代社会经济发展的需要，而能够改变这一现状的有效途径就是加大对非常规能源（如煤层气、油砂等）的开发利用，以此来作为原油的补充能源。目前国际油价动荡不稳，世界常规能源的供给形势日益严峻，国际上已经把勘探开发煤层气能源作为 21 世纪能源发展的主要议题。

煤层气不同于常规天然气，它是赋存在煤岩储层及其围岩之中的一种自生自储式的非常规天然气，是一种新型洁净而且经济的重要资源，开发这种新型能源，对缓解现在能源的供需矛盾、实施可持续发展的能源战略、保护人类的生存环境、解决煤炭开采中的安全问题等都具有十分重要的现实意义，因而它引起了世界各国的广泛关注。它的开发利用具有一举多得的功效：能够提高煤层瓦斯事故的防范水平，具有安全效应；能有效减排温室气体，产生良好的环保效应；作为一种高效、洁净的能源，能够产生巨大的经济效益。如果能把煤层气充分地利用起来，可以用于发电燃料、工业燃料和居民生活燃料，还可液化成汽车燃料，也可广泛用于生产合成氨、甲醛、甲醇、炭黑等方面，成为一种热值较高的洁净能源和重要原料，开发利用的市场前景十分广阔[1-4]。

美国是世界上开采煤层气最早和最成功的国家，其商业化开发利用煤层气资源在全世界产生了积极的示范作用。世界其他国家也开始重视煤层气的勘探和开发试验，并积极发展美国的地面钻井开采技术，在煤层气资源的勘探钻井、采气和地面集气处理等技术领域均取得了重要进展，有少数国家（如澳大利亚等）已进入了工业化开采阶段，促进了世界煤层气工业的迅速发展。而目前我国对煤层气的开采尚处于起步阶段，还没形成煤层气的商业性开采，所以开展对煤层气开采方面的研究具有十分重要的意义。同时，我国煤层气资源也相当丰富，据一些煤层气资源预测结果显示，我国陆地上的烟煤和无烟煤煤田中，埋深在 300 ~ 2 000 m 范围内的煤层气资源量约为 31.46 ×

$10^{12}$ m$^3$，其储藏量在世界排名第二[1]。

煤层气的勘探开发具有重要的意义。首先，煤层气是一种新型的洁净能源，其开发利用可以在很大程度上弥补常规油气资源的不足，在我国不论是工业市场还是民用市场都有着广阔的使用前景。丰富的资源量、广阔的使用前景，这就决定了我国开发煤层气的必然性。其次，安全成功地开发利用煤层气可以减轻矿井灾害程度，降低矿井的生产成本。在煤矿采煤的过程中，煤层气一直都是影响煤矿安全生产的主要灾害，它可以造成重大的人员伤亡和经济损失。为了保证井下作业的安全性，煤层甲烷气一直被作为一种有害气体直接排放到大气中。开采了煤层中赋存的部分甲烷气后，可以有效地降低灾害程度，减少安全方面的投入，直接降低矿井的生产成本。再次，开发和利用煤层甲烷气可以减少温室效应的发生，保护了大气环境。甲烷是主要的温室气体之一，其温室效应是二氧化碳的 20 多倍。而煤矿开采时排放的甲烷量就占所有化石燃料排放量的一半。因此，开发利用煤层甲烷气可以有效地降低温室效应。如果能加大对煤层气的开发利用，可以减轻原油的供给压力，充分缓解我国的能源危机，所以煤层气是我国 21 世纪的重要接替能源之一，同时对我国的经济可持续发展和解决国家能源短缺问题具有十分重要的意义。

我国迄今共在 42 个地区进行过煤层气的勘探，并发现这些地区具有商业开采的可能性，但是由于一直没有解决煤层气在煤层中解吸-扩散-渗流-运移等的机理问题，所以国内煤层气的开采没有得到进一步的发展。通过扫描电镜（SEM）、X-ray 衍射（XRD）、等温吸附等实验研究煤岩储层的孔隙和裂缝特征，煤层物质组成以及煤层气的吸附-解吸的特征及变化规律，可以有效地指导临界解吸压力和理论采收率的计算，并选择出一种高效的、对地层伤害小的压裂体系，以此来降低煤层气的开采成本，实现煤层气的商业性开采，有效缓解石油、天然气的能源短缺危机，减少对原油进口的依赖性。

煤层气在地球化学特征、储集性能、成藏机制、流动机理、气井产量动态等方面与常规天然气有着明显的差别，必须要用不同于常规油气的理论和方法来指导煤层气的勘探开发。

## 1.2 煤层的结构特点

煤是一种沉积岩，它可以看成是由很多有机和无机的碎片经过长期的堆积而成。

煤层的结构特点与常规的油气储层不同，它有其结构上的特殊性。要想取得煤层气开发成功的突破点，必须考虑煤层的特殊地质条件和储层特点，找到一种适合煤层的增产改造方式，以期达到最大的经济效益。

与压裂关系比较密切的煤层的结构特点主要有：

（1）煤层的气体存储机理与常规油气层不同。煤层是一种各向异性的、双孔的、被水饱和的储层，它既是生气层又是储气层。它的内表面非常大，一般为 $10 \sim 40$ $m^2/g$。因此，煤层气有很大一部分是吸附在煤层的内表面上的，只有很少的气体处于游离态，存在于裂缝和割理之间。所以煤层中的甲烷气通常以三种状态存在：吸附在煤孔隙的内表面上；以游离态分布在煤的孔隙和裂缝内；溶解在煤层的地层水中。开采煤层气的过程就是气体从煤层内表面解吸、扩散、再通过煤的割理和裂缝流到井中的一个过程。而常规的油气层中气体是自由存在于孔隙中的。

（2）煤的岩石组分与常规油气层不同。煤层 90% 是有机质（主要为腐殖型），而常规的含气岩石几乎 100% 是无机质。

（3）煤层的劈理构造与常规储层不同。煤层存在大量的天然裂缝和割理，并且裂缝与裂缝、割理与割理之间连通性比较差，所以煤层的渗透率和孔隙度就比较低，这就导致了煤层气很难大面积地扩散出来，使用常规的开采方法时，煤层气的采收率非常低。

（4）煤层的机械特性与常规储层不同。煤层易破碎且强度低，普通岩石的杨氏模量为 $300 \times 10^4 \sim 600 \times 10^4$ $lb/in^2$，而煤的杨氏模量在 $10 \times 10^4 \sim 100 \times 10^4$ $lb/in^2$ 之间，泊松比一般在 $0.27 \sim 0.4$ 之间。杨氏模量和泊松比是表征横向应力和纵向应力对煤层产生裂缝形态的主要影响因素。以上数据说明，煤层比普通的岩石更容易被压缩，比其他岩石更易碎，所以在开采施工的过程中，稍微操作不当就可能引起井漏、井塌，对煤层产生大面积的伤害。

（5）煤层气井通常在开采的同时会产生大量的伴生水，常规的气体开采则不会出现这种情况。因为煤层含水饱和度通常大于 85%，必须通过将水抽出、降低储层压力这个过程，煤层气才会解吸出来。但是，如果水量很大且压力也大的话，甲烷会一直保持吸附状态。可能数月后，压力降低了，甲烷才会开始解吸。

（6）开发的煤层通常都埋深较浅，地温也较低。常规的储层则不然，这使得对压裂液的要求也相应不同，这体现在压裂液的抗温性能方面以及破胶方面。有些压裂液本身的抗温能力很强，所以在破胶的时候对温度的要求很高。若因为温度低而不能达到破胶的要求，那么这种压裂液在煤层中的使用就是失败的。

因此，虽然我国的煤层气资源储量丰富，但是因为煤层开采的技术和条件方面还处在研究的阶段，所以我国大部分地区的煤层气开采还未成形，离大规模的商业性开采还有一段距离，只有沁水盆地南部一些煤层气井已经开始了规模性的开发。

## 1.3 煤层气吸附规律研究状况

### 1.3.1 国外的研究状况

煤层气是煤层本身自生自储式的非常规天然气，世界上有 74 个国家蕴藏着煤层气资源。全球埋深浅于 2 000 m 的煤层气资源约为 $2.4 \times 10^4$ $m^3$，是常规天然气探明储量的两倍多，世界主要产煤国都十分重视开发煤层气。

美国是世界上煤层气勘探、开发和生产最活跃的国家，在研究、勘探、开发利用煤层气方面处于世界领先地位，是世界上率先取得煤层气商业化开发成功的国家。在勘探初期，美国政府投入了大量的资金，由美国地质调查局和美国天然气技术研究所牵头，组织有关公司和科研机构开展煤层气资源开发技术的研究，这一切为美国煤层气产业的形成和发展起到了巨大的推动作用[5-8]。

早在 20 世纪初美国就开始在井下开采煤层气，美国商业性的煤层气开发活动始于 20 世纪 70 年代末至 80 年代初，美国通过采煤前预抽和采空区井抽放回收煤层气，并开始进行地面开采煤层气试验，由于税收优惠政策的推动以及技术创新的带动，美国煤层气量由 1985 年的 $2.38 \times 10^8$ $m^3$ 迅速增加到 1995 年的 $2.76 \times 10^{10}$ $m^3$，十年内煤层气产量增加了 100 倍，其中近 96% 的煤层气产自圣胡安和黑勇士盆地，同时煤层气生产井数目也由 213 口增加到 6 700 口，到了 1997 年，其产量达到 $3.2 \times 10^{10}$ $m^3$，基本形成了产业化规模[5-8]。

随着理论研究的深入和技术条件的改善，美国煤层气勘探开发的领域不断拓展。粉河盆地煤层气的开发便是其中较为典型的代表。粉河盆地独特的地质条件和煤储层特征以及全新的完井技术，使该盆地成为一个蓬勃发展的煤层气开发区。除了粉河盆地外，美国犹因塔盆地东部的低阶煤含煤区的煤层气开发同样获得了巨大成功，在 Drunkard's Wash 项目区，在 Ferro 组煤层中获得了商业性的煤层气产量，480 口井中每天可生产出 $600 \times 10^4$ $m^3$ 的煤层气。

研究表明，煤储层物性非均质性严重制约着煤层气的含气量和可采性，例如，在美国黑勇士和圣湖安盆地，同一气田的相邻两口气井的采气范围相差 6 倍之多，为了解决这一问题，美国很早就开始了煤储层物性非均质性及其控制机理的研究。在开采技术方面，美国采用地面钻孔水力压裂开采煤层气技术和煤层气回收增强技术。煤层气回收增强技术是把 $CO_2$ 注入不可开采的深煤层中加以储藏，同时排挤出煤层中所含的甲烷加以回收的过程，氮气也同样适用于这一方法。

煤层气开发利用起步较早的国家还有英国、德国、俄罗斯等，这些国家主要采用煤炭开采前抽放和采空区封闭抽放的方式抽放煤层气，在多分支羽状水平井、连续油管压裂等技术方面，产业发展较为成熟。

由于煤层气主要以甲烷为主，同时伴随少量的重烃类气体，因此研究煤层气的吸附解吸也是开采煤层气的重点，国外许多学者为此做了大量的科研工作。煤对气体的吸附多属于物理吸附，并且多借助于吸附等温线的规律。最初的吸附实验多集中于煤对甲烷的吸附，随着煤对多元气体的吸附实验的研究，逐渐开展了煤对二氧化碳、氮气等的吸附研究[9-16]。研究表明：同一煤对三种气体的吸附能力为 $CO_2>CH_4>N_2$[17, 18]。Stevenson 等人[19] 在温度为 30 ℃、压力高达 5.2 MPa 时对澳大利亚 Westcliff Bulli 干煤进行了 $CH_4$、$CO_2$ 和 $N_2$ 二元、三元混合气体的吸附试验和研究；Greaves 等人[20]研究了 Sewickley 煤层在温度为 23 ℃ 时干煤中混合气体 $CH_4$、$CO_2$ 的吸附与解吸等温曲线，该研究证明，吸附与解吸等温曲线之间存在滞后现象。

### 1.3.2  国内的研究状况

我国把煤层气作为一种独立的能源进行研究是从国家"六五"煤层气科技攻关项目开始的，之后经历"七五""八五""九五"等一系列国家重大科技项目，直到现在。相比美国，我国的煤层气勘探开发是明显落后的，我国直到 20 世纪 80 年代开始才重视并积极进行煤层气的技术研究，同时开始引进美国的煤层气开采技术，进行勘探开发试验。2006 年，我国将煤层气开发列入了"十一五"能源发展规划，并制定了具体的实施措施，煤层气产业化发展迎来了利好的发展契机。2007 年，我国又相继出台了多项扶持政策，鼓励煤层气的开发利用，使得我国煤层气产业迅速发展。据相关文献，2007 年我国瓦斯抽采量达 $47.35 \times 10^8$ $m^3$，利用 $14.46 \times 10^8$ $m^3$。其中井下煤矿瓦斯抽采量为 $44 \times 10^8$ $m^3$，完成规划目标的 127%，形成地面煤层气产能 $10^9$ $m^3$，是 2006 年的 2 倍；地面煤层气产量达 $3.3 \times 10^8$ $m^3$，比 2006 年增加 1 倍多。2005—2007 年，全国共钻井约 1 700 口，占历年累计钻井总数的 85%。截至 2007 年年底，国内探明煤层气地质储量为 $1.34 \times 10^{11}$ $m^3$，但煤层气年商业产

量不足 $4 \times 10^8$ m$^3$。2014 年，我国累计探明煤层气地质储量为 6266 × 108 m$^3$。截至目前，我国已发现大气田共 72 个，主要分布在四川（25 个）、鄂尔多斯（13 个）和塔里木（10 个）3 个盆地，2018 年，这 3 个盆地的大气田共产气 1 039.26 × 108 m$^3$，占我国总产气量的 65%，截至 2018 年底，72 个大气田累计探明天然气储量约 12.5 × 1 012 m$^3$，约占全国天然气储量（16.7 × 1 012 m$^3$）的 75%。

在研究煤的物质组成和煤储层的物性方面，我国科研人员做了大量的研究工作[21-27]。张维嘉[26]根据野外和矿井观察统计、显微观测以及压汞、液氮吸附和实验室渗透率测试三个层次的研究成果认为，煤层中不同煤岩类型条带的空间分布特征是决定煤层渗透性各向异性的一个重要因素。毕建军等人[27]经过研究也发现，割理密度受煤岩组成的影响，一般只发育在光亮煤分层中，极少延伸到暗淡煤分层。

在煤层甲烷的吸附解吸方面，我国在 20 世纪 90 年代初以前对国内煤层气的吸附研究主要是为了煤矿安全生产服务，所采用的设备和方法以煤炭科学研究总院抚顺分院研制的等温吸附仪为主，取得的研究成果一方面应用于预测煤矿瓦斯突出的危险性，另一方面也应用于煤和煤层气的勘探开发研究[28-30]。当时众多科研工作者建立了相关煤层气理论，促进了我国煤层气的研究工作，也带动了煤岩吸附气体的研究，在当时的认知条件下，煤吸附研究的一个主要特点是采用干煤样进行实验，曾取得了一些重要研究成果[31-43]。其中，钟玲文等[34-36]讨论了煤级和吸附特征的关系，在研究碳含量为 75% ~ 93.4% 的煤吸附量时发现，碳含量为 87% 左右时煤的吸附量最低，并且碳含量超过 93.4% 后煤的吸附能力急剧下降。何学秋[37]在研究交变电磁场对煤吸附特性的影响时认为，外加电磁场改变了煤的表面势能，从而使其吸附量减小，并发现电磁场对煤吸附性能的影响程度与气体的吸附能力成正比，突出危险煤在外磁场的作用下其瓦斯放散速度和解吸速度高于非突出煤。徐龙君[38]等在研究煤在直流 1 200 V 作用下的吸附特征时发现，煤的吸附能力降低，其主要原因是外加电磁场使煤的表面势能增加并使煤体温度略有升高。由此可见，不同学者对煤吸附甲烷的相关结论差别很大，表明了煤结构极其复杂，影响的因素众多。

总体来说，我国目前对煤层气的开发研究还存在不足之处，没能充分借鉴国外的油气开采的经验，同时缺乏对煤层气与地层压力之间的关系规律的研究。

# 1.4　煤层气勘探开发现状

## 1.4.1　煤层气增产技术

　　最基本的煤层气开采方式就是通过抽取煤裂缝中大量的水，来降低整个储层压力从而诱使煤层气解吸出来。煤层通常被看成是一种异常的多孔介质，它由大量的低孔隙、低渗透率的同性质的矩阵系统组成，因为这样的原因，所以煤层中的甲烷气体很难大面积地扩散出来，一般采收率都很低，这样的方式只能开采出 20%～60% 的煤层气体。因此需要通过人工的方式改造煤层的裂缝，使这些裂缝可以最大限度地连通，形成一个通道，使煤层气像液体一样流出。经过改造后可以使煤层气的开采效率达到 60%～80%。在煤层气开采技术方面主要有 4 种方法，即常规垂直压裂、采动区地面井、废弃矿井开发及井下瓦斯抽放。常规垂直压裂是目前应用最为广泛的开采技术。我国目前采用的煤层气压裂技术方法主要是在华北柳林等地区进行煤层气勘探开发的基础上，针对厚煤层以及煤层应力较顶、底板岩层低的特点总结出来的。由于煤层与普通油气藏的储层特点有较大的差别，煤岩带有孔隙和割理的双重介质，因而煤岩介质的微观结构和砂岩的结构差异较大，所以煤层压裂与普通的油气藏不同。我国中原油田钻井公司在山西成功完成了国内第一口多分支煤层气水平井 DNP02 井的施工，该井有 1 个主井眼，12 个分支井眼。该井的施工是将水平钻井技术用于煤层气开发，为解决煤层抽放瓦斯的技术难题开辟了一条全新的路径。

　　煤层气产业的日益发展促进了开发技术的不断提高，目前已经形成了一些煤层气的增产技术，如多分枝羽状水平井、二氧化碳注入置换、氮气泡沫压裂、连续油管压裂等[44]，下面对主要的几种技术进行介绍。

### 1.4.1.1　多分支羽状水平井技术

　　定向羽状水平井是一种高效的煤层气开发方式。它是指通过定向井、多分支水平井技术，由地面垂直向下钻至造斜点后再以中、小曲率半径侧斜钻进，这样形成的是煤层气的主水平井，再从主井两侧不同位置水平侧钻分支井，这样形成的是羽毛状的多分支水平井。这种方式主要是使煤层中形成网状的通道，连通微孔隙和裂缝，提高储层的气、液相导流能力，降低煤层气和游离水的渗流阻力，提高气液的流动速度，从而提高煤层气的产量和采出程度；这种方式还可以减少对煤层的伤害，因为定向羽状水平钻井是集钻井、完井与增产措施于一体的，它可以避免固井和水力压裂作业，只要降低钻井液对煤层的伤害就可以了。

定向羽状水平钻井技术有一定的局限性，它所要求的设备成本非常高，而且在选择井位时，由于地表条件的复杂性，很难达到理想中的要求；再加上煤本身质地脆，水平井壁很容易坍塌，钻井过程中产生的煤粉也会堵塞运移通道，影响最终气体的产量。

### 1.4.1.2  气体注入驱替技术

向煤层中注入气体增产，主要是通过注入气体降低甲烷在煤孔隙中的分压，促进甲烷在煤中的解吸。目前煤层气井注入驱替主要有两种方式：一是注入氮气，二是注入二氧化碳。注入 $CO_2$ 后，它可以优先于甲烷吸附在煤的表面上，直接置换出甲烷，提高甲烷气体的采收率。注入氮气后，它是通过增加储层裂缝间的局部压力来促使甲烷的解吸。两者的机理都是增加煤层中气体流动的能量和气体的渗透率，置换出被煤吸附的甲烷气体。气体注入技术也存在开发成本高、装置庞大、产出气体浓度低、气体需要进一步提纯等方面的问题。

除了直接注入气体外，目前国外又推出一种新的增产方法，就是将氮气与 $CO_2$ 作为混合气体与耐热的固氮酶相结合，注入煤层气井中[45, 46]。这种固氮酶有很长时间的活性，而且比较稳定。因为固氮酶的存在，氮气被转变成氨水。其方程如下：

$$N_2 + 8H^+ + 8e^- \longrightarrow 2NH_3 + H_2 \tag{1-1}$$

与氮气相比，氨水在煤表面的吸附能力更强。1 分子的氮气可以生产 2 分子的氨水，从这个角度上来看，对增加煤层甲烷气的解吸，提高煤层气的采收率也是非常有利的。这个技术的可行性可以用选择性吸附理论和气体的热力学性质来证明，并且 $N_2$ 与 $CO_2$ 相比，米源易得且价格低廉，注入混合气体比单独注入 $CO_2$ 成本要低一些。

### 1.4.1.3  氮气泡沫压裂技术

氮气泡沫压裂技术是通过泵注液氮到地层中，与少量的压裂液混合，以此来代替常规的水基/油基压裂液，因为这种方式只有固体支撑剂和少量的压裂液进入地层，所以大大降低了对煤储层渗透性的伤害。氮气泡沫还可以在裂缝表面形成阻挡层，从而大大降低压裂液向地层滤失的速度，降低对煤储层的伤害。因为气体的膨胀作用，还可以加速返排。所以这种方式一般适用于低压、低渗透地层，特别是煤层。但是，由于氮气的密度较低，所以泡沫不是很致密，因此这种方式不适宜于渗透率高和天然裂缝发育的地层，因为很容易造成泡沫的大量滤失。

氮气泡沫压裂液应用于煤层气开发最成功的国家是加拿大,其次是美国。我国也曾经在辽河油田成功地实施了氮气泡沫压裂技术。不过,我国的煤层氮气泡沫压裂技术还处于实验阶段,并没有全面实施。另外,氮气泡沫压裂技术也存在成本高、施工困难、产出的气体需要分离等问题。

上述煤层气增产技术虽然都存在成本高、施工难度大等一系列问题,但极大地提高了煤层气的产气量,可以在经济成本预算和产出收益综合考虑的情况下,选择一种最适合的增产方式。

## 1.4.2　煤层气井的压裂

### 1.4.2.1　煤层气井的压裂方式

对煤层气井压裂改造处理的主要目的是:尽量避开井筒附近被污染的地层,更有效地连通井筒与煤层的天然裂缝系统,加速脱水以增大煤层气的解吸速度,扩大井筒附近压降的分布范围,避免应力集中并降低煤粉的产生量,最终能在保护煤储层的基础上提高产气量。

由于煤层特点的复杂性,决定了煤层压裂与常规压裂不同。煤层的压裂方式主要是水力压裂和高能气体压裂[47]。高能气体压裂也称为可控脉冲压裂、多缝径向压裂、动力气体脉冲压裂[48],是利用聚能弹爆炸时产生的高压气体对地层进行压裂,主要适用于处理井筒附近的堵塞,但该方式产生的高压气体所能达到的范围较小。水力压裂是最为常用和有效的压裂方式,它是利用高压泵组以超过地层能力的排量注入流体,煤层附近整起高压,当这种压力超过地应力及岩石的抗张强度后,地层便产生裂缝。煤层气井的压裂与裂缝的延伸机理、压裂液特性以及支撑剂输送机理等息息相关。

### 1.4.2.2　煤层常用的压裂液

压裂作为油气藏的主要增产措施已经得到迅速发展和广泛应用,压裂液的种类非常多,国内外常用的压裂液为水基压裂液,基本上分为 3 种类型:植物胶及衍生物、纤维素衍生物和合成聚合物[49]。

目前煤层中主要使用的压裂液有 4 种:淡水、线性凝胶、交联凝胶和泡沫[50]。

淡水压裂成本低,对环境的污染也小,但是它不能产生宽的裂缝,无法输送高浓度的支撑剂。线性凝胶广泛用于多层的薄煤层中,可以形成水平裂缝和垂直裂缝。它的成本也比较低,而且能输送各种浓度的支撑剂,但是缺少理想的支撑剂悬浮能力,在某些使用过程中可能需要额外的闭合裂缝技术来克服这个问题。泡沫压裂液目前还在试用阶段,它有良好的支撑剂悬浮能力，所需水量少，但是成本较高。交联的聚合物凝胶是一种高黏压裂液，它不剪切降解，对于低温的煤层是很理想的，它也具有很好的支撑剂悬浮能力，可以输送各种浓度的支撑剂；但是它成本高，流变性比较复杂，需要高度的质量控制，且破胶的时候必须使用催化氧化剂来加速破胶，酶破胶剂不能破胶。表 1-1 所示是几种压裂方法的主要性能比较。

表 1-1　各种压裂方法的比较

| 压裂方法 | 成本 | 地层伤害程度 | 支撑剂充填效果 | 支撑长度 |
|---|---|---|---|---|
| 淡水 | 低 | 低 | 差 | 短 |
| 线性凝胶 | 中等 | 高 | 一般 | 一般 |
| 交联凝胶 | 中等 | 高 | 最好 | 最长 |
| 泡沫 | 高 | 低 | 好 | 长 |

水力压裂液在煤层中使用时具有如下缺点：压后的残液及返排液会或多或少的污染环境，并且在地层中会残留高分子，对煤层孔喉和微裂缝造成持久的伤害；在施工过程中和施工结束之后，存在对压裂液性能要求的矛盾，施工时要求较好的黏度，而施工结束后，又要求迅速地降低黏度[51]。所以，对于煤层气而言，开采的力度和效率都受制于煤层易受损害而导致最终产率下降的特性，至今我国大部分地区仍然处于研究阶段，商业化的开采还很遥远。

### 1.4.2.3　煤层气井压裂液的发展

为了降低压裂液对煤层的伤害，最终达到提高采收率的目的，国内很多研究者都将研究方向指向了这个领域。首先，泡沫压裂液因为它独特的性质备受青睐。泡沫的存在使压裂体系的携砂能力、返排能力、降滤失能力更优秀，也减少了液体的使用量，这是煤层压裂体系发展所要达到的目标。经过长时间的研究，各种新型泡沫压裂液被陆续地研制出来，如：凝胶泡沫压裂液、氮气-VES 清洁压裂液和自生热就地类泡沫压裂液等，有些已经投入到现场应用中，取得了较好的效果。

凝胶泡沫压裂液是将凝胶和泡沫结合起来，这样可以避免单一的泡沫和凝胶的缺点，发挥两者的优势或二者的协同作用。它黏度大，对地层的伤害小，实验室的研究表明它具有优异的性能。

氮气-VES 清洁压裂液中完全无聚合物，以阳离子、阴离子和非离子表面活性剂组成一种表面活性剂体系作为压裂液的增稠剂，它同时兼有起泡和稳泡的作用。施工后无须破胶即可排液，对煤储层伤害较小。

自生热就地类泡沫压裂液是将冻胶在煤储层中就地逐渐泡沫化[52]，一方面增加返排，另一方面减少压裂液在煤储层中的滤失。在交联的冻胶体系中加入自生气体系，在合适的地层和温度下便会产气，使冻胶泡沫化。该体系已经于 2002 年在川西地区经现场实践，增产效果显著。

## 1.5 煤层伤害的机理

煤层的渗透率和孔隙度很低，并且它内表面积很大，吸附外来液体和气体的能力很强。所以在开采时，对煤层的伤害主要体现在残余液体对割理系统的堵塞和煤基质吸附引发的膨胀[53, 54]。

煤层实际上就是很多微孔隙基质以及割理这类天然裂缝网络构成的双孔储层岩石。虽然煤的孔隙度很小，但是孔隙度与煤层的渗透率有关。所以残余的凝胶类液体对煤层的渗透率是主要的伤害所在。由割理堵塞造成的煤的渗透率的伤害程度远远大于砂岩，因为煤层产生的裂缝根本不可能形成好的凝胶滤饼。水力压裂液在较大的割理裂缝与水力裂缝交汇的地方，更容易侵入到割理中去，会使伤害的程度加剧。

煤的基质吸附引起的煤体膨胀，其膨胀程度取决于有机溶剂的化学性质。研究表明，煤体吸收液体和随之引起的膨胀是高度不可逆的，也就是说，想通过减压的方式把煤体吸收的液体和化学物质脱除掉，基本上是不可能的。因此，煤体与任何液体、固体化学物的接触都会对煤层的渗透率和割理孔隙度造成伤害。

一旦煤层的孔隙和裂缝受到了损害，不但气体的渗流通道受损，煤层气的解吸过程也会受到影响，煤层甲烷气的产量必然下降[55]。

## 1.6 研究的方法

本研究根据辽河阜新地区煤层的发育特点，以煤的物理化学性质为基础，吸附实验为手段，利用物理化学、界面化学、煤岩学和煤化学等多门学科的理论和方法，通过红外光谱、扫描电镜（SEM）、XRD 衍射、高温高压三轴岩石力学测试系统、压汞实验等研究煤岩储层的化学组成及矿物组成、煤岩孔隙和裂缝等特征，并运用等温吸附实验研究煤层气的吸附-解吸的特征及变化和甲烷与二氧化碳竞争吸附规律；以"低渗、强水敏"为着眼点，以"低滤失、低残渣、彻底破胶"为目的，筛选出常用的黏弹性表面活性剂，形成 VES 清洁压裂液，然后将 $CO_2$ 分散至该体系中，形成一种 VES 清洁压裂液技术。形成一种 VES 清洁压裂液技术。通过研究吸附规律和化学增产技术，对提高煤层气采收率的增产措施给予一定的指导。

# 第2章 煤田地质概况

## 2.1 矿区自然概况

### 2.1.1 矿区位置

阜新矿区位于辽宁省西部，行政区划大部分为阜新市新丘、太平、海州、细河和清河门区及阜新蒙古族自治县所辖，只有八道壕煤矿为锦州市黑山县所辖，阜新矿业集团有限责任公司（原名阜新矿务局）所在地位于阜新市海州区。五龙矿区井处于起伏不平的丘陵地带，地表大部分被海州矿排土场覆盖，形成人工的矸石山。矿区范围内有五大煤柱，即主井工业广场、东风井广场以及海州矿一、二、三号桥。

### 2.1.2 矿区范围

阜新矿区位于阜新煤田东北端，东北起沙拉，西南至李金，矿区走向长约 50 km，浅部（西北）自煤层露头，深部（东南）至煤层可采边界线，倾斜宽 3~8 km，面积为 349.0 km²。五龙矿区井田范围：西起平安二号断层（−357 m 以上），东至平安六号断层，北起 −100 m 标高，南至Ⅲ带岩墙及可采边界。走向长 505 km、倾斜宽 3.5 km，面积为 19.25 km²。

邻井关系：本井东以孙家湾矿相邻，东北有海州露天矿掘场，西有平安矿四井（已报废），西南有王营立井，上部为平安矿二井、七井和部分已报废的小井，深部为刘家勘探区。

### 2.1.3 矿区交通概况

矿区内有新义线铁路从矿区中部通过，阜新车站距沈阳 182 km，至锦州 105 km，并有通往锦州、沈阳的高等级公路，同时沈承沟奈公路也在矿区通过，交通十分便利。五龙煤矿位于阜新煤田中部，距市中心 10 km，行政隶属于阜新市海州区。新义线铁路在井田北缘经过，距阜新车站 3 km。

## 2.1.4　矿区自然地理

阜新矿区地形以低缓丘陵为主，局部为河床冲积平原，区内主要河流为大凌河的支流细河，纵贯整个矿区，伊吗图河、汤头河、凌河自北向南注入细河，然后汇入大凌河。上述河流均为季节性河流，汛期水量较大，枯水季节水量偏小。

阜新地区属于暖温带的季风气候区，大陆性气候明显，年平均气温为7.5 ℃。年降雨量为 345 ~ 824.7 mm，一般降雨量在 500 mm/年左右。露天冻土层厚度为 0.97 ~ 1.40 m，年蒸发量为 1 340.6 ~ 2 445.3 mm，平均1 717.8 mm，蒸发量大于降雨量。年大风天气为 50 ~ 60 天，春夏季为西南风，秋冬季多为西北风，最大风力为 7 ~ 8 级，最大风速为 23.0 m/s。

## 2.1.5　矿区开发开采情况

阜新煤田发现并开采于 1897 年，1931 年以前日本人就对本地区进行了勘察和少量的开采，日伪统治时期他们对阜新矿区进行了大量掠夺性开采，十四年间共开采煤炭 26 191.7 kt。1948 年，阜新成立了阜新矿务局，并逐步恢复了矿区生产，并先后查清了新丘、海州、高德、五龙、平安、清河门、艾友、东梁、王营和刘家等矿区，恢复并建设了矿井、露天 46 对（座）。1992 年，经原东煤公司批准，将黑山县八道壕地方煤矿也划归阜新矿区管理。

至 2002 年末，矿区仍保留有设计生产能力的矿井、露天 10 对（座），设计生产能力 9 000 kt，核定生产能力 9 650 kt，改扩建矿井 1 对，即海州立井（原五龙矿东风井）。因资源枯竭已破产的矿井露天 4 对（座），即东梁矿、平安矿、新丘矿和新丘露天矿。目前尚未开发的有刘家区，精查地质储量为169 632 kt，东梁沙海组详查地质储量为 70 430 kt。

## 2.2　煤系地层

阜新成煤盆地是以间山、松岭为盆缘的断陷盆地，盆地基底为震旦系的变质岩类，盆地内为侏罗系上统、白垩系、第四系地层，其中侏罗系上统为主要含煤地层，含煤层组由下至上分别为义县组、沙海组和阜新组。

义县组是一套由火山岩及火山碎屑岩组成的局部含劣质煤的岩层，主要发育在义县西北丘陵区域。

沙海组以清河门地区为煤层沉积中心，向东至东梁逐渐变薄，在清河门地区沙海组发育最好，有 22 个分煤层，其中有 17 个可采煤层，艾友矿有 16个分煤层，主要可采煤层为 3 ~ 4 个。东梁矿区仅剩 2 ~ 3 个可采煤层。沙海组煤层结构比较复杂，夹石层数较多，单层厚度小，但煤层对比，煤岩层变化规律比阜新组稳定。煤种主要为长焰煤和气煤，煤层平均灰分为 20% 左右。

阜新组为矿区主要含煤地层，全矿区发育，阜新组共含 6 个可采煤层群，以新丘、海州、（含五龙、王营和刘家）及东梁为代表的三个聚煤中心，厚煤层摆布方向接近一致，呈 60°～70° 雁行式排列，与其同沉积短轴背斜构造摆布方向一致，煤种为长焰煤和气煤，煤层平均灰分为 15%～20%。纵观沙海组、阜新组的成煤规律，沙海组在清河门地区发育最好，向东逐渐分叉变薄。阜新组在海州、（五龙、王营和刘家）发育最好，向西逐渐分叉变薄。这两组煤层的互补作用反映了当时阜新成煤盆地随时间变化的侧向迁移活动，并形成了阜新矿区以海州为中心的矿区生产格局。八道壕煤系地层为上侏罗系八道壕组，煤田走向南北，倾向西，倾角为 8°～18°，煤层下部为砾岩，中部为含煤地层段，以砂岩为主，砂质页岩次之，含有植物化石。煤系地层为山麓相沉积，井田范围内煤层可分为五个含煤组，16 个分层，其中可采的有 7 个分层，煤层厚度为 0.8～4.5 m。煤种为长焰煤，煤层平均灰分为 40%，挥发分平均为 35% 左右，煤层含硫 1.5% 左右，发热量平均为 4 000 cal/g。阜新组-沙海组煤层自然情况见表 2-1。

表 2-1　阜新组、沙海组煤层自然情况　　　　　　单位：m

| 含煤地层 | 煤层名称 | 煤层厚度 最大—最小 | 层间距 最大—最小 | 煤层结构 | 稳定性 | 分布范围 |
|---|---|---|---|---|---|---|
| 阜新组 | 水泉层群 | 0.8—14.2 | 15—100 | 复合煤层 | 不稳定 | 全区 |
| | 孙家湾层群 | 0.8—26.0 | 10—100 | 复合煤层 | 不稳定 | 全区 |
| | 中间层群 | 0.8—7.23 | 0—140 | 复合煤层 | 不稳定 | 全区 |
| | 太平上层群 | 0.8—55.0 | 0—70 | 复合煤层 | 稳定 | 全区 |
| | 太平下层群 | 0.8—41.48 | 6—120 | 复合煤层 | 稳定 | 全区 |
| | 高德层群 | 0.8—20.0 | | 复合煤层 | 较稳定 | 全区 |
| 沙海组 | 六煤组 | 0.8—1.0 | 100—165 | 复合煤层 | 不稳定 | 局部 |
| | 五煤组 | 0.8—2.3 | 12—40 | 复合煤层 | 稳定 | 全区 |
| | 四煤组 | 0.8—20.3 | 30—50 | 复合煤层 | 稳定 | 全区 |
| | 三煤组 | 0.8—3.64 | 52—62 | 复合煤层 | 较稳定 | 全区 |
| | 二煤组 | 0.8—2.0 | 50—60 | 复合煤层 | 不稳定 | 局部 |
| | 一煤组 | 0.8—1.39 | | 复合煤层 | 不稳定 | 局部 |

　　五龙煤矿开采的煤层为阜新组煤层，自下而上为高德层群，太平上、下层群，中间层群、孙家湾层群、水泉层群。而高德层群在本井无可采层。本井煤层属中灰、低硫的长焰煤，煤岩类型为半亮-明亮型，自然发火期为 28 天，煤尘爆炸指数为 41.16%。其瓦斯等级：高沼矿井。五龙煤矿煤层情况及煤质情况见表 2-2、表 2-3。

表 2-2　五龙矿煤质情况一览表

| 煤　　种 | 指　　标 | | | 备　　注 |
|---|---|---|---|---|
| | 挥发分(Vr)% | 灰分(Ag)% | 发热量 $Q_{DT}$/(cal/g) | |
| 长焰煤 | 39.78 | 18.12 | 7 847 | 井田内煤层属中灰、特低硫的长焰煤 |

注：数据来自阜新矿务局。

表 2-3　五龙煤矿煤层情况一览表

| 层群 | 层名 | 分层纯煤厚/m | | | 分层间距/m | | |
|---|---|---|---|---|---|---|---|
| | | 平均 | 最小 | 最大 | 平均 | 最小 | 最大 |
| 水泉层群 | 八层 | 1.4 | 0.8 | 2.0 | — | — | — |
| | 六层 | 2.9 | 0.8 | 5.0 | — | — | — |
| 孙家湾层群 | 本层 | 10.88 | 0.88 | 27.68 | — | — | — |
| | 盘下一层 | 1.14 | 0.7 | 1.72 | 12 | 3 | 16 |
| | 盘下二层 | 1.24 | 0.73 | 3.44 | 54 | 35 | 93 |
| | 盘下三层 | 0.53 | 0.99 | 1.3 | 41 | 29 | 73 |
| 中间层群 | 中间上层 | 3.7 | 0.77 | 11.72 | 20 | 15 | 32 |
| | 中间下层 | 1.39 | 0.88 | 2.02 | 68 | 51 | 93 |
| 太平上层群 | 太上一层 | 3.64 | 0.7 | 8.27 | 8 | 0.14 | 10.45 |
| | 太上二层 | 3.16 | 0.7 | 8.45 | 6 | 0.13 | 25.89 |
| | 太上三层 | 1.97 | 1.1 | 2.9 | — | — | — |
| | 太上一、二层 | 4.52 | 2.38 | 6.67 | — | — | — |
| | 太上一、二三层 | 11.99 | 0.61 | 13.0 | 39 | 11 | 82 |
| 太平下层群 | 太下一层 | 3.22 | 0.7 | 6.26 | 7 | 0.18 | 11.36 |
| | 太下二层 | 5.33 | 0.79 | 8.04 | 5 | 13 | 10 |
| | 太下三层 | 2.35 | 0.74 | 4.8 | — | — | — |

注：数据来自阜新矿务局。

## 2.3 煤层地质构造

阜新煤田在大地构造上属于中生代阜新-锦州内陆段陷（地堑）盆地。盆地中的地层走向与盆地长轴方向大体一致，倾向一般为东南。各矿受次生构造的影响不同，地层产状也不一样。例如，东梁矿区受穹隆构造的制约，地层也以穹隆为中心放射状地向四周倾斜。

### 2.3.1 褶　曲

阜新矿区由东到西，不同程度发育着以北东和北北东向为主的短轴（背向斜）构造，主要背向斜构造有 4 条，其中较大的有 2 条：① 王营子-哈拉户稍，走向 NE 60° ~ 80°，延长 14 km；② 东梁-艾友-清河门背斜，走向 NE 50° ~ 70°，延长 28 km 以上。阜新矿区主要褶曲构造见表 2-4。

表 2-4　阜新矿区主要褶曲一览表

| 名称 | 走向 | 延长/km | 附　注 |
|---|---|---|---|
| 新丘背向斜 | NE 4° ~ NW70° | 5 | 背斜居南侧，向背斜轴相距 0.15 ~ 0.2 km。局部（浅部）褶皱强烈，并出现倒转。新丘地区东北部的六、七号井深部，发育 NE 15° 左右的平缓向斜构造 |
| 孙家湾-五龙背向斜 | NE 20° ~ 60° | 6 | 背斜居南侧，向背斜轴相距 0.15 ~ 3.0 km。浅部褶皱强烈，局部出现倒转 |
| 东梁-艾友-清河门背斜 | NE 5° ~ 70° | 28 以上 | 属于平缓的向斜形态。与王家营子向斜相距 3 km 左右。东梁地区属于不规则形状的（断裂影响）穹隆构造。东梁煤矿三、四、五号井和地方双山煤矿（原东梁六井）及清河门煤矿二号井浅部，均局部发育着短轴背向斜构造 |

### 2.3.2 断　层

矿区内的断层构造主要为：北北东和北北西为主的斜交煤层走向的正断层。新丘、高德及王家营子等处局部发育着近似煤层走向、落差较小的逆断层。倾角一般为 55° ~ 60°。落差是：东北地区较小，为 2 ~ 30 m；西南地区较大，达 200 ~ 300 m。阜新矿区现在控制的主要断层有 67 条，落差在 100 m 以上的有 17 条。阜新矿区的 17 条较大断层情况见表 2-5。

表 2-5　阜新矿区的 17 条较大断层一览表

| 地区 | 名称 | 性质 | 走向 | 倾向 | 倾角 | 落差/m | 附　注 |
|---|---|---|---|---|---|---|---|
| 高德至太平 | 太东 F1 | 正 | NE 0°～15° | ES | 60°～80° | 10～200 | 落差浅部大、深部小 |
| | 太中 F4 | 正 | NW 20° | WS | 80° | 0～100 | 落差浅部小、深部大 |
| | 太西 F1 | 正 | NE 10°～NW 15° | ES-EN | 55～65° | 0～100 | 落差浅部大、深部小 |
| 平安至五龙 | 平安 F3 | 正 | NW 0°～40° | EN | 55°～60° | 0～200 | 落差浅部大、深部小 |
| | 平安 F2 | 正 | NW 5°～40° | WS | 50°～65° | 20～180 | 落差浅部小、深部大 |
| | 平安 F1 | 正 | NW 5°～25° | EN | 50°～60° | 20～150 | 落差浅部大、深部小 |
| | 平五 F4 | 正 | NW 10°～15° | WS | 55°～60° | 0～250 | 落差浅部大、深部小 |
| | 平五 F9 | 正 | NE 7°～NW 5° | ES-EN | 55°～60° | 20～200 | 落差浅部大、深部小 |
| 东梁 | F14 | 正 | NW 30° | WS | 75° | 130 | — |
| | F15 | 正 | NE 43° | WN | 65° | 15～100 | — |
| | F21 | 正 | NER 8°～10° | WS | 60° | 100 | — |
| | F 南 1 | 正 | NE 10°～20° | ES | 60° | 100～150 | — |
| | F18 | 正 | NW 14°～22° | WS | 60°～62° | 0～150 | — |
| 艾友至清河门 | F3 | 正 | NW 10°～NE 5° | EN-ES | 42°～60° | 10～100 | — |
| | F5 | 正 | NE 5°～25° | ES | 60°～70° | 120～200 | — |
| | F12 | 正 | NE 25°～30° | ES | 51° | 50～100 | — |
| | F18 | 正 | NE 15°～30° | WN | 50°～60° | 200～300 | — |

## 2.3.3　火成岩

在阜新煤田内，阜新组沉积后有第三纪辉绿岩的侵入岩体在矿区内零星分布，经勘探和巷道揭露证实全区有 30 余条火成岩墙（带），有近 10 个范围较大的辉绿岩床。其中五龙、平安、刘家、王营、东梁矿区最为发育，高德、艾友、清河门次之。从定性资料分析判断，这些辉绿岩墙（床）是沿北东东-东西向的一组压扭断裂面侵入到煤系地层中的。

五龙井田内有 3 条较大落差断层以及平安二号断层(境界断层)、平安三号断层、平安四号断层,其产状要素见表 2-6。

表 2-6　五龙矿断层一览表

| 名称 | 性质 | 走向 | 倾向 | 倾角 | 落差/m |
|------|------|------|------|------|--------|
| 平安二号断层 | 正断层 | N30°~40°W | SW | 50°~60° | 20~170 |
| 平安三号断层 | 正断层 | N0°~40°W | SW | 55°~60° | 0~200 |
| 平安四号断层 | 正断层 | N20°~35°W | SW | 55°~65° | 0~60 |

平安四号断层和平安三号断层分别在 -400 水平和 -365 水平尖灭。

本井深部有一向斜轴即王营子向斜,轴两翼倾角近似水平状态。

本井火成岩有 2 种赋存状态,一种是岩墙,另一种是岩床。岩墙共 3 条,均为东西向:Ⅰ带岩墙走向 N85°~89°E,厚 1.4~3.0 m;Ⅱ带岩墙走向 N70°~85°E,由 4~8 条组成,最厚 3.5 m、最薄 0.8 m,带宽 60~80 m;Ⅲ带岩墙走向 N80°~89°E,厚 30~40 m。岩床有 1 组,走向 N80°、倾向 SE、倾角 12°~15°,厚 20~100 m,局部有分叉现象。

## 2.3.4　储　量

截止到 2003 年 1 月 1 日,全公司保有煤炭储量为 898 737 kt,可采储量为 321 713 kt。其中正在生产的"五立四斜"和一个露天,保有煤炭储量为 653 978 kt,可采储量为 321 713 kt。待开发的刘家区精查储量为 169 632 kt。报废矿井剩余储量为 4 697 kt。

# 2.4　煤层水文地质条件

## 2.4.1　地表水系

纵贯阜新盆地的河流有细河,流向西南,在矿区外汇入大凌河。其支流北侧有清河、汤头河、伊吗图河,南侧有五道桥河、转角庙河,这些河流均为季节性河流。

## 2.4.2　地下水

矿区矿井水文地质条件为简单-中等类型,矿井总排水量为 3 000~3 500 m³/h,这些水的补给、迳流、排泄条件是:大气降水、河水补给第四系冲积层,通过积岩孔隙、裂隙、含水层(段、带)迳流补给矿井。主要赋存地下水的层位有：第四系砂砾石孔隙潜水含水层。盆缘地带形成坡、洪积扇裙，主要分布在城南、海州、五龙、平安一带。第四系厚度为 10～18 m，含水层厚度为 1～5 m，这段含水层被厂矿等开发，单井产水 15 m³/h，水质较好。盆内由新丘到清河门，由河床、漫滩阶地组成带状冲积平原，第四系层厚 2～8 m 不等，砂砾石含水层厚 1～3 m。沿细河两岸地下水受到不同程度的污染。基岩风化带似层状，平均厚度为 20 m 左右，普遍含水，但水量不大，水质一般。火成岩构造裂隙水不均衡，常有较大的突水点，水质较好。清河门立井火成岩构造裂隙出水点水量较大，水温 42 ℃ 左右，含多种微量元素，有一定医疗利用价值。目前，全公司大部分地下水正在被逐步开发利用。在当前市场经济条件下，开发利用矿井水，尤其在贫水的阜新地区，是非常有价值的。

　　排水系统：该矿排水系统正在改造中，因此目前排水方式较为繁杂，但总体来说是阶段排水方式，即 -600 的涌水通过 2 台 200D43*9 水泵经临时敷设的从 -600 东轨道到 -365 水仓的 1 条 φ219 管路排出，-365 主排泵房将 -365 水平及 -600 水平的矿井涌水通过 6 台 200D43*6 水泵经 3 条 φ273 管路排至 -215 水平，另外又通过 1 台 PS200*9 水泵，利用从 -600 沿井筒新安装的 1 条 φ325 管路直接排至地面。-215 中央泵房的 7 台 200D65B*8 水泵将矿井全部涌水经 2 条 φ273 管路、1 条 φ325 管路、1 条 φ159 管路排至地面。

## 2.5　本章小结

　　为了能够更好地了解辽河阜新煤矿和五龙煤矿的基本地质情况，本章介绍了矿区自然概况、煤系地层、煤层地质结构以及煤层水文地质条件四个方面，对研究煤岩的储层特征提供了地质基础资料。

# 第 3 章　煤岩储层化学及矿物成分分析

## 3.1　煤岩化学成分的分析

　　煤岩储层与砂岩等储层的差异，尤其是损害性质的差异，主要是由于其化学成分的差异形成的。众所周知，煤岩是由许多相似结构单元构成的高分子化合物，结构单元中有缩聚芳环、氢化芳环或者含氧、氮、硫等各种杂环。结构单元之间由醚键、次甲基、硫键和芳香碳键等官能团连接，从而成为三维空间大分子。

　　不同级别的煤岩，其分子结构有很大的差异，不同煤岩的显微组分的物理化学结构也存在着差异。煤岩中不同的有机质能有选择地吸收一定波长的红外线，而且随着煤化程度的加深，煤中官能团的结构也发生相应变化，煤的红外光谱是其分子结构的反映，光谱图中的吸收峰表征对应分子和各基团的振动形式。因此，可通过对红外光谱图上吸收带的分析，从中了解煤中有机质的化学结构及其变化，进而了解煤的结构。为了能够较好地指导研究阜新和五龙煤矿的煤层气开采，本文选取了 2 个典型的煤岩样品进行红外（IR）光谱分析，研究确定阜新和五龙煤矿煤样的化学组成，为提高煤层气采收率提供理论上的依据。2 个煤样的红外光谱图见图 3-1 和图 3-2。

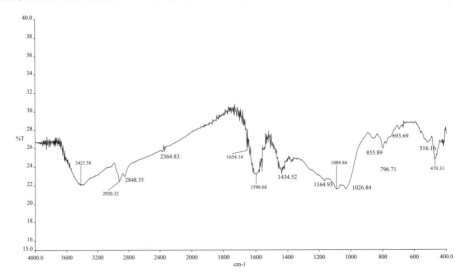

图 3-1　阜新矿煤样的红外光谱图

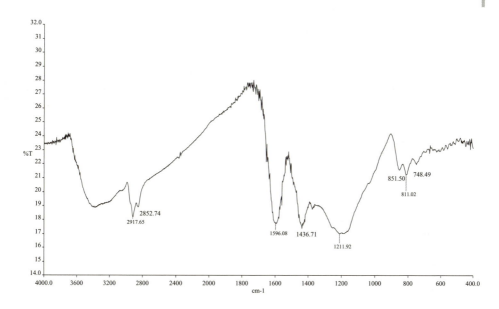

**图 3-2　五龙矿煤样的红外光谱图**

通过对 2 个煤岩样品的红外光谱分析，得知在 3 421.56 处有仲胺单峰 $V_{N-H}$，在 1 654.24 处有 $\delta_{H-H}$ 面内特征吸收带，在 855.89 和 851.50 处有 $\delta_{H-H}$ 面外特征吸收带，从而通过分析得出煤分子含有碱性基团胺。此外，由于不同气体分子与煤岩之间作用力的差异，导致了煤对不同气体组分的吸附能力有所不同，这种作用与相同压力下各种吸附质的沸点有关，沸点越高，被吸附的能力越强，从二氧化碳、甲烷到氮气，其被吸附能力依次降低。因此，本文得出在同等的条件下 $CO_2$ 的吸附能力要强于 $CH_4$，提出利用 $CO_2$ 提高煤层气采收率这一开采技术。

此外，在煤岩中含有大量如胺类等能够和表面活性剂结合的基团，以及煤岩中含有的煤焦油，这些都是煤岩储层对外来流体（气体）敏感的一个重要原因。

## 3.2　煤岩矿物成分分析

煤岩中含有多种矿物质，主要是黏土类物质、硫化物、碳酸类物质等，尤其是黏土矿物，它们都分散在基质或者填充在细胞腔中，所以，在压裂施工过程中要充分考虑流体对黏土的膨胀作用，尽量避免因为流体对煤岩的不配伍而导致对储层的伤害。为了能够更好地研究阜新煤矿，本文通过

扫描电镜（SEM）和 XRD 衍射实验对煤岩的矿物组成进行了分析。如表 3-1
和图 3-3、图 3-4 所示。

表 3-1　煤岩 X 射线粉晶衍射测试报告

实验条件：理学 DMAX-3C 衍射仪，CuKa，Ni 滤光

| 报告编号 | 样品号 | 测试编号 | 测试结果（%） | | | | | | | | |
|---|---|---|---|---|---|---|---|---|---|---|---|
| | | | 蒙托石 | 伊利石 | 绿泥石 | 石英 | 长石 | 方解石 | 白云石 | 黄铁矿 | 菱铁矿 |
| 1 | WL-1 | 1 | 14.2 | 9.8 | — | 1.6 | — | 0.4 | 1.2 | 0.9 | 0.3 |
| 2 | WL-2 | 2 | 12.3 | 9.9 | | | | 0.4 | 1.1 | 0.7 | 0.3 |
| 3 | WL-3 | 3 | 13.3 | 10.1 | | 1.3 | | 0.6 | 1.1 | 0.9 | 0.2 |
| 4 | FX-1 | 4 | 11.2 | 10.2 | | 1 | | 0.2 | — | 0.9 | 0.4 |
| 5 | FX-2 | 5 | 12.1 | 11.1 | | 1.1 | | 0.3 | | 0.9 | 0.4 |

注：WL 代表五龙煤岩，FX 代表阜新煤岩。

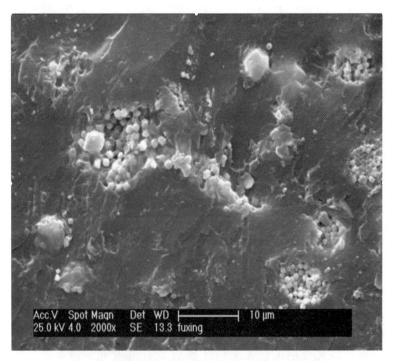

图 3-3　煤岩储层中的填充物（放大 2000 倍）

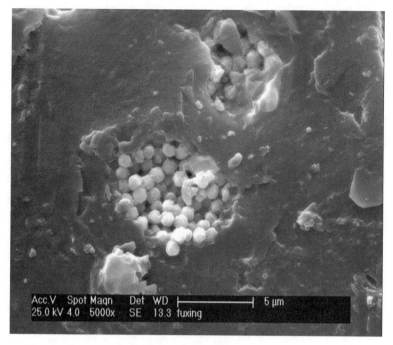

**图 3-4　煤岩储层中的填充物**（放大 5000 倍）

从煤岩的 X 射线粉晶衍射测试报告中可以看到，煤岩中还有蒙托石、伊利石、石英、方解石、黄铁矿以及菱铁矿等，其中，蒙托石和伊利石的含量超过了 20%，五龙煤岩中还含有白云石。总体来说，煤岩中的黏土含量占了矿物总量的 95% 左右。这些黏土矿物是由基本层和层间区域组合在一起的层状单位结构沿结晶轴 C 轴方向重复堆叠形成的。由于主要黏土矿物的单位结构厚度分别为蒙托石 1.54 nm、伊利石 1.43 nm，单位结构间的超微割理以及层间区域和基本层间可能的分子缺陷，提供了大量的微孔隙，这也是煤岩除了本身含有大量的孔隙之外，造成煤岩储层的比表面积大幅度提高的另外一个重要原因。

从图 3-3 和图 3-4 所示的两个扫描电镜图中可以观察到，煤岩的大孔隙中含有许多白色颗粒状物质，这就是填充在煤岩孔隙中大量的黏土类物质，这也同时验证了 XRD 衍射实验所得出的数据，即煤岩中含有大量的蒙托石、伊利石、石英、方解石等黏土物质。

结合油气田开采的经验，本文作者认为，在对煤岩储层进行压裂施工时，黏土是需要重点考虑的问题。压裂施工时使用的外来流体会因为煤岩中大量黏土的存在而对煤岩储层造成较大的伤害，加上黏土中蒙脱石和伊利石的含量占大部分，这两种物质会导致煤岩层极易膨胀和运移，如果严重的话，会导致煤岩储层不可恢复性的伤害。

基于以上原因，在使用压裂技术开采煤层时，要求外来流体必须具有优良的防膨性能，以免对煤岩层造成伤害。为此，本章提出采用新型清洁压裂液进行压裂施工。

## 3.3  本章小结

在本章中，通过对煤岩层化学成分的分析，得出煤分子含有碱性基团胺，由于 $CO_2$ 是酸性气体，所以在同等条件下 $CO_2$ 的吸附能力要强于 $CH_4$，本章提出了利用 $CO_2$ 提高煤层气采收率这一开采技术。在煤岩矿物成分中含有大量的黏土物质，这种物质的存在会导致煤岩很容易受外来流体的伤害，基于这个原因，在使用压裂技术开采煤层时，要求外来流体必须具有优良的防膨性能，以免对煤岩层造成伤害。为此，本章提出采用新型清洁压裂液进行压裂施工。

# 第 4 章　煤岩储层的物性研究

## 4.1　煤岩的双重孔隙特征分析

在煤岩中，煤孔隙是指煤中未被固体物（有机和矿物质）充填满的空间。煤岩储层不同于常规岩石储层，它由煤基质孔隙和天然裂隙两部分组成，具有双重孔隙结构模型，属于裂隙-孔隙型储层。其中，煤基质是煤层气呈吸附状态储存的主要空间，天然裂隙系统则是煤层气渗流运移的主要通道。因此，孔隙和裂隙（割理）对于煤层气开发成功与否起着决定性的控制作用，是煤岩储层研究的重要内容。

在储层压力一定的情况下，煤中微孔和小孔的发育程度几乎决定了煤的吸附能力，因而，研究煤岩储层中孔隙的特征对煤层气的勘探开发具有非常重要的意义。煤岩孔隙的研究包括孔隙类型、形态、孔隙度、孔喉分布及孔隙比表面积等。在目前技术条件下，多采用普通显微镜、扫描电镜（SEM）、压汞法及低温氮吸附法来研究煤的孔隙特征。孔隙的分类因其研究方法和应用的不同而有差别，见表 4-1。

表 4-1　煤岩孔隙分类表

| 分类方案 | 研究者 | 级　别 | | | |
|---|---|---|---|---|---|
| 孔径结构分类 | XonOT（1961） | 小于 10 | 10~100 | 100~1000 | 大于 1000 |
| | Gan 等（1972） | 小于 1.2 | — | 1.2~30 | 大于 30 |
| | 国际理论应化联合会 | 小于 0.8 | 0.8~2 | 2~50 | 大于 50 |
| 成因分类 | Can 等（1972） | 分子间孔 | 煤植体孔 | 热成因孔 | 裂缝孔 |
| | 张慧（2001） | 原生孔 | 变质孔 | 外生孔 | 矿物质孔 |
| | 郝琦 | 植物组织孔　气孔 | 粒间孔 | 晶间孔　铸模孔 | 溶蚀孔 |
| | 张新民等 | 原生孔 | 气孔 | 外生孔 | 矿物质孔 |

续表

| 分类方案 | 研究者 | 级 别 | | | | |
|---|---|---|---|---|---|---|
| 孔隙形态分类 | 陈萍等（2001） | I 类孔 两端开口的圆筒形孔及四边开放的平行板状孔 | | II 类孔 一端封闭的圆筒形、平行板状、楔形和锥形孔 | | III 类孔 细颈瓶形孔 | |
| 固气作用类型分类 | 张红日 | 吸附孔（小于 50） | | | 渗流孔（大于 50） | |
| | 桑树勋等（2004） | 吸收孔隙（小于 2） | 吸收孔隙（2 ~ 10） | 凝聚吸收孔隙（10 ~ 100） | | 渗流孔隙（大于 100） | |
| 分形分类及自然分类 | 傅雪海等（2005） | 扩散（半径） | | | 渗流（半径） | | |
| | | 微孔 小于 8 表面扩散 | 过渡孔 8 ~ 20 混合扩散 | 小孔 20 ~ 65 Kundsen 扩散 | 中孔 65 ~ 325 稳定层流 | 过渡孔 325 ~ 1000 剧烈层流 | 大孔 大于 1000 紊流 |

注：分类未标明处均为直径，单位为 nm。

割理是指煤岩层中近于垂直层面的天然裂隙，其成因有内生和外生之分，规模有大有小，与煤田地质学上的"裂隙"为同义词。研究割理的方法主要有：巷道井壁和手标本观察、煤岩抛光块样的光学显微镜观察等。通常用割理的密度、连通性和发育程度来评价割理。

## 4.1.1　煤岩的孔隙类型研究

煤岩储层孔隙的成因及其发育特征是煤体结构、生气、储气等的直接反映，其类型多、形态复杂、大小不一。张新民等[2]将煤层孔隙的成因类型分为原生孔、气孔、外生孔和矿物质孔 4 大类。原生孔、外生孔和矿物质孔以大于 1 μm 的大孔隙为主，利于煤层气的渗流；气孔则以 0.05 ~ 1 μm 的小、中孔隙为主，利于煤层气的聚集；小于 0.01 μm 的微孔主要是分子结构，对开采煤层气的意义不大。研究煤岩层孔隙有助于对煤岩层性质的认识和对煤岩储层性能的判断。

在扫描电镜下，可以观察到变质气孔、植物组织孔、胶体收缩孔、层间孔等煤岩的孔隙结构类型。在煤层气地质研究中采用的煤岩孔隙分类其实就是煤孔径的结构分类，尽管目前的分类方案比较多（如 IUPAC，1962；Gan，1972；煤炭科学研究院抚顺研究所，1985；杨思敬，1991；秦勇等，1995），但是在我国，广泛应用的是前苏联的霍多特（1966）提出的十进制分类法[1]（见表 4-2）。为了能够清楚地看到煤岩样品中的孔隙，本章分别选取了 4 中不同倍数下的扫面电镜图，分别为 500 倍、1 000 倍、2 000 倍和 10 000 倍，见图 4-1 ~ 图 4-4。

表 4-2　煤孔隙的孔径结构分类（霍多特，1966）

| 分类参数 | 孔径结构类型 | | | |
| --- | --- | --- | --- | --- |
| | 大孔 | 中孔 | 过渡孔 | 微孔 |
| 孔隙直径/nm | 大于 1 000 | 100～1 000 | 10～100 | 小于 10 |

图 4-1　煤的孔隙分布图（放大倍数为 500）

图 4-2　煤的孔隙分布图（放大倍数为 1 000）

图 4-3　煤的孔隙分布图（放大倍数为 2 000）

图 4-4　煤的孔隙分布图（放大倍数为 10 000）

　　从煤岩样品的微观结构图中可以观察到煤基质中孔隙的基本情况。从图中可以看到有很多小于 50 μm 左右的微孔、小孔或者中孔，由此说明本章选取的煤岩含有原生孔、气孔、外生孔等。其中，气孔是煤化作用过程中由于生气和聚气作用而形成的，有些学者称之为热成因孔或者变质孔。这些气孔发育较好，但不均匀，它们多以规则或不规则的圆形和椭圆形成群出现。也有梨形、圆管形等，但这类气孔一般以单独的形式存在，相互之间的连通性不是很好。这类孔隙在各种显微组分中均可见到，但以镜质组为主，且很少被充填，有利于油气的储集和运移。气孔的发育程度与煤的变质程度、显微组分的平面分布情况基本一致，即随煤的变质程度的加深和镜质体含量的增高，气孔发育程度也相应增加。图中的气孔大都在 10 nm 左右，属于微孔或者小孔，能够给甲烷的吸附提供一定的场所。

## 4.1.2　煤岩的孔隙形态确定

煤岩中同一成因的孔隙可能具有不同的孔隙形态，根据煤岩的开放性，将煤岩的孔隙分为开放孔、半开放孔和封闭孔[4]。在电镜或者光学显微镜下可以观测到孔隙结构，如图 4-5 所示。

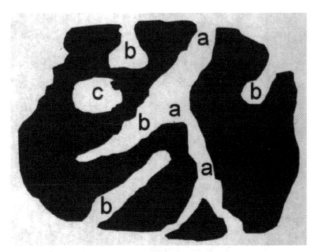

a—开放孔；b—半开放孔；c—封闭孔

**图 4-5　孔隙形态示意图**

毛细管压力曲线是研究储集层孔隙喉道结构的基础，可定性地研究储层孔隙的结构类型，定量地研究储层孔隙的结构特征参数。另外，将毛细管压力曲线和核磁共振 $t_2$ 谱相结合还可以求出孔隙喉道半径下限值。

为了能够研究煤岩储层的孔隙形态,本章采用 9410 型全自动压汞仪取得毛细管压力曲线,如图 4-6、图 4-7 所示。

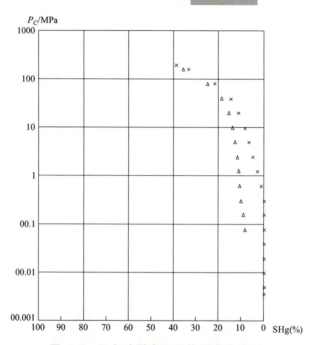

图 4-6　五龙矿煤岩毛细管压力曲线图

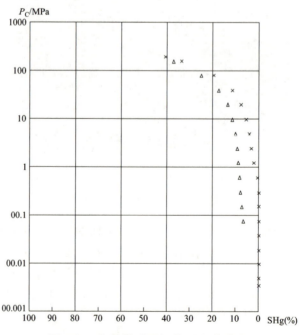

图 4-7　阜新煤矿毛细管压力曲线图

根据毛细管压力曲线的"孔隙滞后环"特征，可以初步研究确定煤岩层孔隙的开放性。另外，从图 4-6 和 4-7 所示的 2 个煤样的毛细管压力曲线图可以看出，进汞曲线和退汞曲线都有一定的滞后环，2 个煤样的进汞效率都不是很高，当压力达到 100 MPa 时，进汞效率还不到 40%，据此分析确定本章选取的煤岩属于细瓶颈孔隙类型。

## 4.1.3　煤岩储层孔隙度的表征

所谓孔隙度，是指岩石中孔隙体积 $V_p$（或者岩石中未被固体物质填充的空间体积）与岩石总体积 $V_b$ 的比值。孔隙度反映了岩石中孔隙发育的程度，表征了储层储集流体的能力。储层的孔隙度越大，能容纳流体的数量就越多，储集性就越好。

测定孔隙度的方法有多种，但由于前面提到的煤层的特殊结构及化学组成，遇到水容易发生膨胀而受到伤害，所以采用煤油饱和来计算煤层的孔隙度。实验步骤以及公式如下：

（1）取一定量的煤油，记录其质量 $W_0$ 和体积 $V_0$，计算出煤油的密度 $\rho_0$。

（2）将已经抽提、洗净、烘干、表面经平整的煤样在空气中称出质量为 $W_1$，之后将煤块放入煤油中，用真空泵抽 24 h，在空气中称出饱和煤油后的煤样质量为 $W_2$，并记录煤油的体积变化量 $V_\Delta$。

（3）计算煤样孔隙体积，最后得到煤样的孔隙度。

计算公式如下：

$$\rho_0 = W_0 / V_0 \tag{4-1}$$

$$V_p = (W_2 - W_1) / \rho_0 \tag{4-2}$$

$$\varPhi = V_p / V_\Delta \tag{4-3}$$

式中　$W_0$——煤油的质量（g）；

$V_0$——煤油的体积（mL）；

$\rho_0$——煤油的密度（g/cm³）；

$V_p$——煤样的孔隙体积（mL）；

$W_1$——饱和前的煤样质量（g）；

$W_2$——饱和后的煤样质量（g）；

$V_\Delta$——煤油前后的体积变化量（mL）；

$\varPhi$——煤样的孔隙度。

煤油的质量为 3.869 g 时体积为 4.9 mL，所以煤油的密度

$$\rho_0 = W_0 / V_0 = 3.869 / 4.9 = 0.7896 \ (\text{g/cm}^3)$$

　　测定煤岩孔隙度的原始实验数据如表 4-3 所示，从表中可以知道，煤岩样品的平均孔隙度只有 1.35%，与常规的储集岩相比，煤岩的孔隙度显然是很低的，这就要求在增产施工过程中应时刻注意避免对煤岩层的伤害。

表 4-3　测定煤岩孔隙度的原始实验数据

| 来源内容（单位） | $W_1$/g | $W_2$/g | $V_\Delta$/mL | 孔隙度（%） |
|---|---|---|---|---|
| FX-1 | 17.5287 | 17.6654 | 14.0 | 1.24 |
| FX-2 | 21.5326 | 21.8071 | 18.8 | 1.46 |
| WL-1 | 20.1324 | 20.3757 | 17.5 | 1.39 |
| WL-2 | 18.9837 | 19.1936 | 15.9 | 1.32 |

### 4.1.4　煤岩孔喉分布特征研究

　　煤岩储层的孔喉直径决定了排驱压力的大小，并在很大程度上影响了煤岩的渗透性和煤层气解吸的难易程度。显然，孔喉直径越小，排驱压力就会越高，这样煤层气的解吸就会越困难。

　　煤岩孔隙的孔径变化范围很大，一般而言，微孔构成了煤的吸附容积，小孔构成了煤层气毛细凝结和扩散区域，中孔构成了煤层气缓慢层流渗透区域，大孔则构成了煤层气剧烈层流渗透区域。图 4-8 和图 4-9 所示为煤岩孔喉的分布直方图。

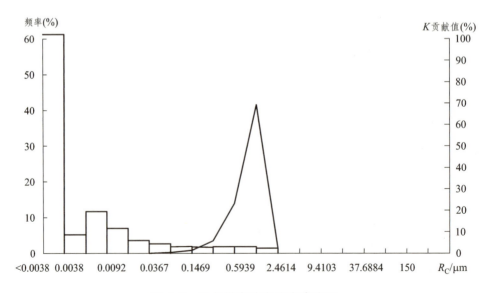

图 4-8　五龙煤岩孔喉分布直方图

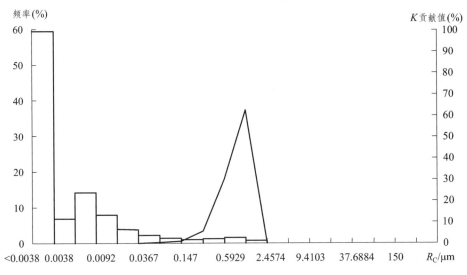

图 4-9　阜新煤岩孔喉分布直方图

从图 4-8 和图 4-9 所示的煤岩孔喉分布直方图可以看到，直径大于 2.461 4 或大于 2.457 4 出现的频率几乎为 0，出现大频率的直径集中在 0.036 7 ~ 0.003 8 μm 之间，孔喉直径小于 10 μm 的几乎占了 100%。这表明本章选取的煤岩样品以微孔和过渡孔为主。

从煤岩的毛细管压力曲线可知，当进汞压力达到 10 MPa 的时候，进汞效率才到 10% 左右。而低压进汞反映了煤岩割理和大孔的发育情况，从图中可以看出低压进汞占的比例不是很大，主要集中在中压。所以这基本反映了本章选取的煤岩具有孔喉直径小、渗透率差的特征。

## 4.1.5　煤岩孔表面积的表征

与常规储集岩相比，煤岩的孔隙度和渗透率是相对比较低的，但是煤岩的孔隙比表面积却是很大的，具有非常强的吸附容纳煤层气的能力。这个不难理解，大量的微孔导致煤岩具有较低的孔隙度和渗透率，但正是由于存在大量的微孔，使得煤岩的比表面积异常的大，换句话说，就是煤的孔隙度与煤的比表面积的大小存在一定的关系，这种关系对煤的吸附解吸能力产生一定的影响。所以，了解煤岩的比表面积大小不仅对了解煤的生成过程和煤的微观结构十分重要，而且对于研究煤岩的吸附解吸能力也很重要。

表 4-4 和表 4-5 所示为 2 个煤岩样品的压汞试验数据。从表 4-4 和表 4-5 中可以看出，2 个煤岩样品的毛细管半径在 0.003 8 的时候，孔隙比表面积分别达到了 148 869.09 cm³ 和 172 885.07 cm³。这说明了煤的孔隙比表面积的大小主要取决于煤岩结构的特征，在其他参数大致相同的情况下，煤岩的微孔体积越大则孔的比表面积就越大。换言之，就是孔的比表面积是随煤级的不同发生规律性的变化的。

表 4-4　五龙煤岩的压汞原始数据

| 毛细管压力 $P_C$ / MPa | 毛细管半径 $R_C$ / μm | 水银注入饱和度 | | 水银退出饱和度 | | 渗透率贡献值 (%) | J函数值 | 孔隙表面积 /cm³ |
|---|---|---|---|---|---|---|---|---|
| | | 泵读数 | SHg(%) | 泵读数 | SHg% | | | |
| 0.003 6 | 208.333 3 | 0 | 0 | | | | | |
| 0.005 | 150 | 0 | 0 | | | | | |
| 0.009 9 | 75.757 6 | 0 | 0 | | | | | |
| 0.019 9 | 37.688 4 | 0 | 0 | | | | | |
| 0.039 9 | 18.797 | 0 | 0 | | | | | |
| 0.079 7 | 9.410 3 | 0 | 0 | 0.05 | 8.47 | | | |
| 0.159 7 | 4.696 3 | 0 | 0 | 0.054 | 9.15 | | | |
| 0.304 7 | 2.461 4 | 0 | 0 | 0.06 | 10.17 | | | |
| 0.623 9 | 1.202 1 | 0.008 | 1.36 | 0.064 | 10.84 | 69.392 5 | | 87.35 |
| 1.262 9 | 0.593 9 | 0.019 | 3.22 | 0.067 | 11.35 | 23.111 1 | | 244.99 |
| 2.546 3 | 0.294 5 | 0.03 | 5.08 | 0.07 | 11.86 | 5.670 3 | | 495.26 |
| 5.104 5 | 0.146 9 | 0.04 | 6.78 | 0.076 | 12.88 | 1.277 8 | | 906.06 |
| 10.220 1 | 0.073 4 | 0.051 | 8.64 | 0.082 | 13.89 | 0.350 3 | | 1 997.15 |
| 20.437 3 | 0.036 7 | 0.067 | 11.35 | 0.092 | 15.59 | 0.127 3 | | 5 813.83 |
| 40.891 5 | 0.018 3 | 0.088 | 14.91 | 0.111 | 18.81 | 0.041 8 | | 15 261.95 |
| 81.848 4 | 0.009 2 | 0.129 | 21.86 | 0.148 | 25.08 | 0.020 4 | | 59 626.6 |
| 163.793 2 | 0.004 6 | 0.198 | 33.55 | 0.211 | 35.75 | 0.008 6 | | 200 840.81 |
| 199.972 2 | 0.003 8 | 0.229 | 38.8 | 0.229 | 38.8 | 0.001 8 | | 148 869.09 |

表 4-5　阜新煤岩的压汞原始数据

| 毛细管压力 $P_C$ / MPa | 毛细管半径 $R_C$ / μm | 水银注入饱和度 | | 水银退出饱和度 | | 渗透率贡献值 (%) | J函数值 | 孔隙表面积 /cm³ |
|---|---|---|---|---|---|---|---|---|
| | | 泵读数 | SHg(%) | 泵读数 | SHg(%) | | | |
| 0.003 5 | 214.285 7 | 0 | 0 | | | | | |
| 0.005 | 150 | 0 | 0 | | | | | |
| 0.009 9 | 75.757 6 | 0 | 0 | | | | | |
| 0.019 9 | 37.688 4 | 0 | 0 | | | | | |
| 0.039 9 | 18.797 | 0 | 0 | | | | | |
| 0.079 7 | 9.410 3 | 0 | 0 | 0.036 | 6.78 | | | |
| 0.159 8 | 4.693 4 | 0 | 0 | 0.039 | 7.34 | | | |
| 0.305 2 | 2.457 4 | 0 | 0 | 0.042 | 7.91 | | | |
| 0.625 3 | 1.199 4 | 0.004 | 0.75 | 0.045 | 8.47 | 62.337 2 | | 43.75 |
| 1.264 9 | 0.592 9 | 0.012 | 2.26 | 0.048 | 9.03 | 30.213 1 | | 178.54 |
| 2.539 6 | 0.295 3 | 0.018 | 3.39 | 0.05 | 9.41 | 5.593 4 | | 270.19 |
| 5.100 6 | 0.147 | 0.023 | 4.33 | 0.054 | 10.16 | 1.155 8 | | 452.12 |
| 10.227 1 | 0.073 3 | 0.03 | 5.65 | 0.061 | 11.48 | 0.402 | | 1 270.56 |
| 20.439 4 | 0.036 7 | 0.042 | 7.91 | 0.072 | 13.55 | 0.172 2 | | 4 362.51 |
| 40.899 1 | 0.018 3 | 0.062 | 11.67 | 0.093 | 17.5 | 0.071 7 | | 14 537.09 |
| 81.852 4 | 0.009 2 | 0.104 | 19.57 | 0.133 | 25.03 | 0.037 6 | | 61 089.47 |
| 163.789 8 | 0.004 6 | 0.18 | 33.88 | 0.198 | 37.27 | 0.017 | | 221 221.64 |
| 199.989 7 | 0.003 8 | 0.216 | 40.65 | 0.216 | 40.65 | 0.003 7 | | 172 885.07 |

## 4.1.6　煤岩的割理分析

煤中的割理系统是煤层气运移的主要通道，它是在煤化过程中形成的天然的裂隙系统。它的规模存在很大的差异，小则数微米，大则数米长。不同规模的割理在煤层中的发育程度相差很大。不同规模的割理，对气体的渗流也起着不同的作用。图 4-10 和图 4-11 所示为煤岩样品微观割理的结构图。

在用 SEM 观察煤样的过程中,很容易看出煤岩的孔隙主要是由基质孔隙和割理组成，属于典型的双孔隙多孔介质。其中，割理系统有相互大致垂直的两组，其中延伸长度大且发育的一组叫面割理，它起着主导作用，各个面割理之间的距离为 0.1 英寸至几英寸，如图 4-11 中所示的竖直裂隙；被面割理横切的另一组叫端割理，其一般不连续，如图 4-11 中所示的横裂隙。从图 4-11 的右图中很容易看到割理是由面割理和端割理组成，纵横交错的割理构成了甲烷的渗流通道。

图 4-10　煤样微观割理结构图（放大 100 倍）

图 4-11　煤样微观割理结构图（放大 1000 倍）

　　对于煤岩割理的评价一般包括割理密度、割理的连通性以及割理的发育程度 3 个方面。本章经过大量的煤块扫描电镜实验，并根据煤块的密度计算公式（密度 = 条数 × 倍数 $^2$/屏幕面积），计算出煤块的密度平均小于 300（条/cm$^3$），所以割理密度等级属于三级。同时，通过观察大量的扫描电镜割理结构图得知煤岩割理的连通性是比较好的，其发育程度处于较发育和不发育之间。

## 4.2 煤岩储层渗透率的研究

### 4.2.1 煤岩储层渗透率的主要影响因素

煤岩储层渗透率是指在一定的压力差条件下，允许流体通过其连通性孔隙的性质。当储层中有多种流体共存时，煤岩对任何一相的渗透率称为有效渗透率；其中，每一相流体的有效渗透率与其绝对渗透率的比值称为相对渗透率。煤岩的渗透性是制约煤层气勘探选区的重要参数，其大小取决于天然裂隙系统的发育特征，并极大地受到有机显微组分、煤岩类型、有效应力和煤层埋藏深度等多种因素的影响。

#### 4.2.1.1 裂隙系统

煤岩储层的裂隙系统一般分为内生裂隙（割理）和外生裂隙两个部分。裂隙系统是煤层气在煤层中的渗透路径。煤层的渗透性取决于裂隙系统的发育程度和连通程度，裂隙越发育，其连通性越好，越有利于流体的渗流，这对煤层气可采性评价有极其重要的指导意义。目前，国内在评定研究煤层气可采性方面有不少的报道。例如，叶建平通过对矿井煤层割理裂隙的调查测量和构造煤分布的研究，预测煤层渗透率的变化；傅雪海等在对沁水盆地各煤样的研究中发现，煤样渗透率随裂隙面密度的增加而呈指数形式增大。外生裂隙主要由构造活动产生，因其发育受煤显微组分、煤岩结构及煤级的影响较弱，穿透性强，连通性及开放性较好，是煤储层渗透性的主要贡献者[1, 10]。

在实验室中利用煤芯在围压下测定的煤渗透率，其决定因素就是天然裂缝。煤样的天然裂缝越好，其渗透率就越好，相比之下，其他的影响因素均是次要的。

#### 4.2.1.2 应力和埋藏深度

煤岩不同于常规储集岩，其塑性强。煤层渗透率对应力非常敏感，其原因是割理孔隙对有效应力十分敏感，随着有效应力的增加，割理会变窄，从而降低煤岩储层的渗透性。这个结论从压汞实验的进汞和退汞曲线中可以很直观地观察到。

煤岩储层的埋藏深度与相应的地层有效应力存在一定的相关性。一般来说，煤岩储层埋藏越深，有效应力就越大，其渗透率就越低。在我国，煤岩储层渗透率与埋深之间表现出渗透率随埋深增大而减小的总体趋势。傅雪海[11]等在三轴应力实验研究中发现，煤岩储层裂隙宽度随围压（相应埋藏深度）的增大而呈指数形式的降低，并在此基础上，通过借鉴裂隙岩体渗透率二阶张量表达式，推导出了煤岩储层埋藏深度与水平渗透率的关系式，认为随着煤层埋藏深度的增加，渗透率呈指数形式降低。

### 4.2.1.3　有机显微组分和煤岩类型

有机显微组分和煤岩类型影响煤岩储层的渗透率从根本上讲是与割理的发育程度有关的，也就是说和裂缝有关。从显微组分的组成上讲，煤岩中镜质组含量越高，煤的割理就越发育，渗透性就越好；从煤岩类型上看，光亮煤的渗透性最好，其次为半煤、半暗煤和暗淡煤。

## 4.2.2　煤岩储层渗透率的测定

因为煤岩储层具有非均质性，所以对于其渗透率的测定是个十分复杂的过程。其中煤岩基质孔隙是煤层气的主要储存空间，但其渗透率却很小，一般为 $10^{-8} \sim 10^{-12}$ $\mu m^2$。煤岩的天然裂隙系统的渗透率比较好，一般为 $(1 \sim 50) \times 10^{-3}$ $\mu m^2$，它是包括煤层气在内的煤岩中流体运移渗流的主要通道，因此天然裂隙是煤岩层渗透率特征的决定性因素。目前主要的研究方法有描述技术、储层模拟、实验室测定、地球物理测井曲线换算等。

为了在对煤岩储层进行压裂施工时，给压裂液的配置和压裂施工提供一个基本参数，本章研究煤岩储层的渗透率采用常规油气工业中通过实验室煤岩芯测定渗透率的方法。

将煤岩储层岩芯按垂直层面的方向钻取圆柱体，两端磨平，端面与光滑的圆柱面相垂直。岩芯直径为 2.5 mm 左右，岩芯长度为直径的 1 ~ 1.5 倍。利用脂肪抽提装置对岩芯彻底洗油，在温度为 50℃ 左右的电热恒温干燥箱中烘烤至恒量，放入干燥器中待用；然后将岩芯放入真空干燥器中，用真空泵抽空，当真空度达到要求后，再继续抽空 2 h 以上；停止抽空后，使真空干燥器缓慢与大气相通，取出制备好的岩芯备用。

将岩芯流动试验装置装好岩芯，接好试验流程，使煤油从岩芯正向挤入。挤入压差根据岩芯渗透率确定，挤入液量为岩芯孔隙体积的 10 倍以上，待煤油流量稳定后测定其流量，并计算出煤油通过岩芯的渗透率 $K_1$。

本实验采用的煤岩芯 FX-1 直径为 2.50 cm，轴向长为 5.1 cm，岩心横截面积为 $A = \pi \times \left(\dfrac{D}{2}\right)^2 = 3.14 \times \left(\dfrac{2.5}{2}\right)^2 = 4.91$（$cm^2$）。

由于煤岩具有双重孔隙结构，所以煤层的渗透率不仅与本身孔隙介质有关，更受到煤岩割理的影响，而割理很容易因外部压力的变化而发生变化。为了研究外部压力对煤芯割理的影响，继而对渗透率的影响，本实验将煤岩围压设定为 1 MPa 和 5 MPa，2 种围压下的渗透率 $K_1$ 见表 4-6。

表 4-6 渗透率 $K_1$ 的实验结果

| 煤心区块 | 围压 $P_{环}$ /MPa | 测试压 $P_{测}$ /MPa | 岩心横截面积 /cm² | 平均流量 $Q$ /(mL/s) | 渗透率 $K_1$ /$\times 10^{-3}$ μm² |
|---|---|---|---|---|---|
| FX-1 | 1 | 2.1 | 4.91 | 13.43 | 697 |
| FX-1 | 5 | 2.1 | 4.91 | 0.16 | 8.31 |

从上表的渗透率实验结果可以看出，当煤芯的围压为 1 MPa 的时候，其渗透率为 $697 \times 10^{-3}$ μm²，按储集层渗透率分类属于渗透性好的一类。但是，当围压增加到 5 MPa 的时候，煤岩的渗透率却只有 $8.31 \times 10^{-3}$ μm²，按储集层渗透率分类则降到了渗透率微弱的一类。由此可以说明煤岩渗透率对应力是非常敏感的，表现为煤岩渗透率随围压的增大而急剧下降，压力增高 5 倍时渗透率降低了近 2 个数量级。

## 4.3 煤岩力学性质的研究

煤岩层中压裂裂缝的产生主要受煤岩的岩石特性的影响，其中弹性（杨氏）模量是外部冲击应力下煤岩层相对拉伸的测量值，泊松比则反映了煤岩纵向收缩而横向扩展的能力。为了能够较好地了解煤岩的相关力学参数，本章做了高温高压三轴岩石力学测试，其结果见表 4-7 。

表 4-7 三轴实验的结果

| 岩样 | 弹性模量 $E$/MPa | 泊松比 $\mu$ | 抗压强度 $C_0$/MPa | 实验条件/MPa |
|---|---|---|---|---|
| 煤岩 | 12 282.7 | 0.523 | 10.8 | 围压：9.0 |

从上表可以看出，煤岩的抗压强度 $C_0$ 只有 10.8 MPa，模量比（$E/C_0$）大于 500，所以煤岩属于高模量比、极低强度岩块（EH），其弹性（杨氏）模量 $E$ 较常规的砂岩杨氏模量要小，只有 12282.7MPa，易形成较宽的水力裂缝，同时煤层具有高滤失性，这就决定了在煤层中造长缝是比较困难的。为了能较好地解决这一问题，本章提出对煤层采用"砂堵"工艺技术，该工艺是在当加砂量达到一定数量后，人工将施工的砂比提高到能发生砂堵的极限，然后停止加砂，转而继续注入前置液造缝；再加砂，当砂量达到一定数量后，再将施工砂比人为地提高到能够发生砂堵的极限，如此反复多次进行这种施工。该项工艺技术有利于更多地沟通煤层的天然割理系统，起到对煤层气井压后增产的目的。

图 4-12、图 4-13 反映了煤岩受应力变化而发生应变的情况。从图中可以看出，当应力为 11 MPa 左右，也就是当煤应变达到 1.3% 左右时，煤岩开始出现裂缝，之后当应变达到 1.7% 后，整个煤岩趋向于垮塌，这为后期的吸附解吸实验提供了一定的围压数据。

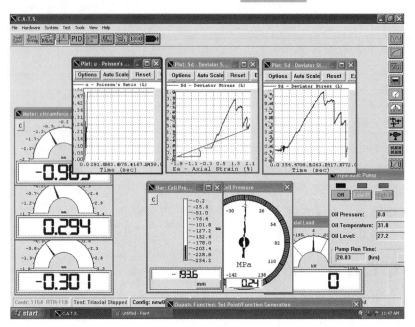

图 4-12　煤应力-应变原始界面图

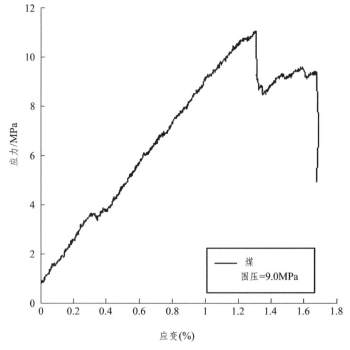

图 4-13　煤应力-应变图

## 4.4 本章小结

本章首先对煤岩的双重孔隙特征进行了分析，随后又研究了煤岩的渗透率和煤岩的力学性质，主要的研究结论如下：

（1）所选取的煤矿煤岩中含有很多小于 50 μm 的微孔、小孔或者中孔，由此说明本文选取的煤岩含有原生孔、气孔、外生孔等，其中大量气孔的存在为吸附气体提供了一个场所。通过 9410 型全自动压汞仪取得毛细管压力曲线，压力曲线的"孔隙滞后环"特征使得本章确定选取的煤岩属于细瓶颈孔隙类型，煤岩样品孔隙度的测定得出其平均孔隙度也只有 1.35%，与常规的储集岩相比，显然是很低的。从煤岩的毛细管压力曲线可以看出，当进汞压力达到 10 MPa 的时候，进汞效率才 10% 左右。而低压进汞反映了煤岩割理和大孔的发育情况，从图中可以看出低压进汞占的比例不是很大，主要集中在中压，这反映了本章选取的煤岩具有孔喉直径小、渗透率差的特征。较低的孔隙度和渗透率就更加要求在增产施工过程中应时刻注意避免对煤岩层的伤害。

（2）本章选取的煤岩其割理发育程度处于较发育和不发育之间。

（3）当煤芯围压为 1 MPa 的时候，按储集层渗透率分类属于渗透性好的一类；但是，当围压增加到 5 MPa 的时候，储集层渗透率降到了渗透率微弱的一类。所以煤岩的渗透率对应力是非常敏感的，表现出煤岩渗透率随围压增大而急剧下降。当压力增高到 5 倍时，渗透率降低了近 2 个数量级。

（4）通过高温高压三轴岩石力学测试，判断所选煤岩属于高模量比、极低强度岩块（EH）。其弹性（杨氏）模量 $E$ 较常规砂岩的杨氏模量要小，易形成较宽的水力裂缝，同时煤层具有高滤失性，这就决定了在煤层中造长缝是比较困难的。为了能较好地解决这一问题，本章提出对煤层采用"砂堵"工艺技术。

# 第 5 章　煤层甲烷与 $CO_2$ 竞争吸附解吸规律研究

　　煤是一种多孔的固体，是一种优良的天然吸附剂，对各种气体具有很强的吸附能力，这是煤层气与常规储层储气机理不同的物质基础。因为这个性质，所以煤层气中含有 $CH_4$、$CO_2$、$N_2$、$C_2H_6$ 等以甲烷占主导地位的混合气体。煤层气的吸附解吸特征一直是其勘探开发必不可少的研究参数。

　　煤对甲烷的吸附是一种发生在煤岩孔隙内表面上的物理过程，其吸附能力受孔隙特征的影响，吸附最有效的孔隙半径是在 10 nm 以下，换言之，就是煤中微孔的分布情况决定了煤吸附甲烷的能力。而解吸是指煤中吸附的气体由于气体压力的减小而转变成为游离气体的过程。

　　在前面第 3 章和第 4 章中分析研究了煤岩储层的特征。本章将围绕煤层甲烷与 $CO_2$ 竞争吸附规律提出注入 $CO_2$ 压裂技术来提高煤层气采收率的技术。

## 5.1　煤岩吸附解吸特性

### 5.1.1　煤岩吸附特性

　　吸附在化学工业中对于解决提纯、干燥、分离、脱色和催化等问题具有重要的意义。对煤的吸附性能的研究是当代煤层气地质基础研究的主攻方向和研究热点之一。

　　吸附过程可分为物理吸附和化学吸附 2 种类型，其中物理吸附是由范德华力和静电力产生的，它是普遍存在于所有分子之间的，所以当吸附表面吸附了气体之后，被吸附的分子还可以再吸附气体分子，因此物理吸附可以是多层的。此外，由于吸附力弱，所以吸附的气体和煤岩的结合力是比较弱的，它是快速而可逆的。

　　与物理吸附不同，产生化学吸附的作用力是化学键力，化学键力是很强的。是由共价键引起的，这种吸附的气体和煤岩的结合力是很强的，但是化学吸附却是缓慢而不可逆的。

　　虽然有人怀疑煤岩中的有机组分有可能会导致一些化学吸附的发生，但是这个观点缺乏必要的证据，所以煤层气地质学家普遍认为煤岩吸附属于固-气物理吸附范畴。

　　在物理吸附过程中，吸附的平衡是个极其重要的概念。在吸附量、温度和压力这 3 个变量之间，往往固定其中的 1 个变量，测定另外 2 个变量之间的关系。

吸附曲线的形式包括吸附等压线、吸附等量线和吸附等温线。

### 5.1.1.1　吸附模型和等温线方程式

研究吸附量是人们关心的重要课题。在平衡状态时，吸附量随气体的温度和压力变化而变化。很显然，这是一种动态平衡状态，即吸附量（$V$）是温度（$T$）和压力（$P$）的函数，可表示为 $V=f(T,P)$。而在吸附曲线中最重要、最常用的是吸附等温线。吸附等温线可以通过实验手段获得，其获得的实验曲线有多种，但通常可归纳为 5 种类型，如图 5-1 所示，其中除第 I 种是单分子层吸附外，其余 4 种都是多分子层吸附曲线。

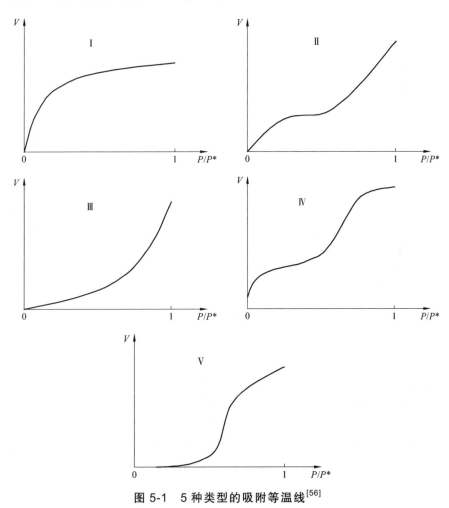

图 5-1　5 种类型的吸附等温线[56]

可以看出，图 5-1 所示的 5 种等温吸附曲线存在差异，为了描述这些差异，人们曾经提出了不同的描述吸附的物理模型和等温吸附方程。

### 1）吸附经验公式——弗罗因德利希公式

弗罗因德利希（Freundlich）提出了含有 2 个常数项的指数方程来描述第 I 类吸附等温线。其公式如下：

$$V = kP^n$$

式中：$n$ 和 $k$ 是 2 个经验常数，对于指定的吸附系统来说，它们是温度的函数；$k$ 值可视为单位压力时的吸附量，一般来说，$k$ 值随温度的升高而降低；$n$ 值一般为 0～1，它的大小反映出压力对吸附量影响的强弱。

弗罗因德利希公式的形式简单，计算方便，应用十分广泛，但是经验式中的常数没有明确的物理含义，所以不能说明吸附作用的机理。

### 2）单分子层吸附理论——朗缪尔方程

朗缪尔（Langmuir）1916 年从动力学的观点出发，提出了单分子层吸附理论，其基本假设条件是：吸附平衡是动态平衡；固体表面是均匀的；被吸附分子间无相互作用力；吸附作用仅形成单分子层。其数学表达式为：

$$V = \frac{V_L \cdot P}{P_L + P}$$

式中，$V_L$ 为体积（$cm^3/g$），是反映吸附剂的最大吸附能力的一个参数；$P_L$ 为压力（MPa），代表吸附量达到体积 $V$ 的 1/2 时所对应的平衡气体压力。

单分子层吸附理论适用于图 5-1 所示的 I 类吸附等温线，是目前广泛应用于煤层吸附研究的方程。

### 3）多分子层吸附理论——BET 公式

多分子层吸附理论是由布鲁劳尔（Brunauer）、埃麦特（Emmett）和特勒（Teller）三个人于 1938 年在单分子层理论的基础上提出来的。它除了 Langmuir 单分子层模型中的前三项假设外，还补充了以下假设：被吸附分子和碰撞到其上面的气体分子之间也存在范德华力，因而发生多层吸附；第一层的吸附热和以后各层的吸附热不同，而第二层以上各层的吸附热相同；吸附质的吸附和脱附只发生在直接暴露于气相的表面上。BET 方程的表达式为

$$\frac{P}{V(P_0 - P)} = \frac{1}{V_m C} + \frac{C-1}{V_m C} \cdot \frac{P}{P_0}$$

式中：$V_m$ 为单分子层达到饱和时的吸附量；$P_0$ 为实验温度下吸附质的饱和蒸

气压力；$C$ 为与吸附热和吸附质液化热有关的系数。

### 5.1.1.2　煤层甲烷吸附的影响因素

实验研究表明，煤的吸附能力受本身的物理、化学性质以及煤岩所处的温度、压力等条件的影响，即煤岩的变质程度、灰分、水分含量、温度和压力。

#### 1）煤岩变质程度对吸附能力的影响

煤岩对甲烷的吸附是一种发生在煤孔隙内表面上的物理过程，吸附能力受到孔隙特征的影响，而在煤变质过程中，孔隙也同时在发生变化，从而影响煤的吸附能力。许多学者认为，同一煤层亮煤的吸附能力强于暗煤；在煤级相同的情况下，富镜质组煤的吸附能力强于富惰质组煤。煤级通常被认为是影响煤岩吸附能力的主要因素。在平衡水条件下，煤岩吸附能力随煤级的升高而增加。

#### 2）灰分和水分

煤岩中灰分的成分十分复杂，并以不同的矿物成分形式存在于煤岩中。它的存在从某种角度上讲占据了有机吸附组分的含量，所以它严重地影响了煤岩的吸附性能，与甲烷的吸附能力呈现明显的负相关。

关于水分导致甲烷吸附能力下降的机制，至今仍不明确。但是可以从 3 个方面理解水分的影响：① 煤表面吸附的水分子与氧化物之间可能存在强烈的化学作用，从而导致煤表面的吸附能力降低；② 水的存在使煤发生了膨胀作用，从而降低了基质孔隙的尺寸，这就导致了煤的吸附能力下降；③ 水分会和气体形成吸附的竞争者。

#### 3）温度和压力

大量的等温吸附实验表明，煤的吸附能力随温度的升高而降低、随压力的增大而增加，即煤的吸附能力与温度呈负相关关系，而与压力呈正相关关系。经过进一步的研究证明，甲烷的吸附量随温度的升高呈线性递减，而随压力的变化却并非线性关系。当压力小于 10 MPa 时，吸附量随压力的增加很快增加，表现为 Langmuir 型习性，但是当压力进一步增大后，吸附量的增加就变得很缓慢。

### 5.1.2　煤岩的解吸特性

解吸与吸附是研究煤层气的两个方面，如果说研究煤岩的吸附特性是研究煤层气的重要内容，那么研究煤岩的解吸特性就显得就更加重要，因为研究煤岩的吸附特性的最终目的是为了能够更有效地将煤层气从地底下解吸出来。解吸过程相当于气体在煤层中运移了 3 个阶段：首先是外部压力下降，使得煤层气在煤基质外自由流动；然后气体由于受到浓度梯度的影响由微孔向大孔隙扩散；最后煤层气从煤的内表面解吸出来。

　　煤的解吸率主要受煤储层原位含气性的影响，因而解析率与煤层埋藏深度有关。在最佳解吸深度以上，解吸率随地层深度的加大而增高。甲烷的解吸快慢与煤岩成分有关，就解吸本身而言，初始的解吸受煤内中孔和大孔的影响，长期解吸则是受微孔的控制。

## 5.2　自制吸附解吸实验装置的结构及工作原理

　　为了研究煤层甲烷的吸附解吸特征，结合实验室实际条件，本章主要研究煤层气受压力影响的变化规律，并且自制了煤层甲烷吸附解吸实验装置，其结构见图 5-2。

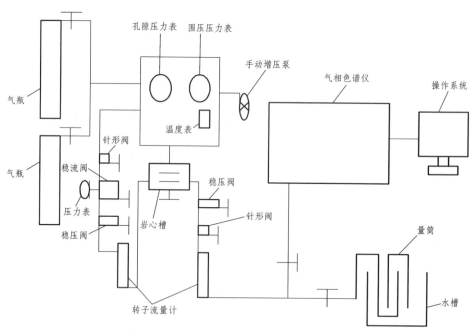

**图 5-2　煤层吸附解吸自制装置示意图**

　　此实验装置具有简便、实验数据易得的特点。此套实验装置基本上由五大系统构成，即供气系统、吸附系统、计量调节系统、排水集气系统和分析系统。

（1）供气系统：由甲烷钢瓶和二氧化碳钢瓶组成。其中甲烷钢瓶的压力为 15 MPa，甲烷纯度为 99.9%；二氧化碳钢瓶的压力为 5 MPa。

（2）吸附系统：由手动水泵增加压力装置和岩心槽等组成。此装置可以手动控制温度，并且可以通过手动水泵装置调节所需要的围压压力，压力可以精确到 0.2 MPa（见图 5-3）。

图 5-3　吸收系统装置

（3）计量调节系统：由 HLV-1 高精度稳流阀、RPV-2 稳压阀、GNV-2 精密针形阀和转子流量计等组成。稳流阀能很好地控制气体的流动稳定性；稳压阀可以使整个系统的压力保持较小波动；精密针形阀可以使压力调节更容易；转子流量计能够读出系统的流动速度，从而得到较为准确的实验数据。

（4）分析系统：由 SC-200 型气相色谱仪和操作系统组成（见图 5-4）。选用的实验条件为：载气氩气流速为 25 mL/min，柱前压力为 0.2 MPa，色谱内室温度为 55 ℃，所用的柱子为自制的能够识别 $CH_4$ 和 $CO_2$ 气体。其工作原理是：当净化处理流量适当的载气在仪器内流过时，若有样品注入，则带着样品进入色谱柱，由于样品中各种组分对色谱柱中固定相的吸附或分配系数上的差异，当混合组分样品在载气冲洗下流经一定长度的色谱柱后，就被分离成各种单一组分，并按照一定的时间顺序，依次进入检测器，通过非电量-电量变换，将化学成分信号变为电压或电流信号，送入记录仪或色谱数据

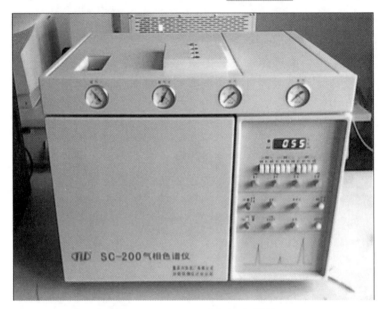

图 5-4　SC-200 型气相色谱仪

工作站，记录下色谱图并进行分析处理，这样根据特定条件下出峰的时间，即可确定其化学成分，根据峰面积的大小可确定其含量，从而达到对混合物进行定性、定量分析的目的。

（5）排水集气系统：主要由水槽和 500 mL 的量筒组成，用于收集煤岩解吸出的甲烷。（见图 5-2 中的示意图）

## 5.3　CH$_4$吸附解吸实验研究

### 5.3.1　甲烷的吸附实验步骤

（1）从辽河阜新现场取回的煤岩中钻取煤芯，由于极易受水伤害，所以采用煤油钻取，取出后将其加工成直径为 2.5 cm、高为 5 cm 左右的圆柱体煤芯。

（2）将煤样置于真空干燥箱内，加热到 80 ℃下恒温 8 h，再冷却至室温后取出称重。

（3）再将煤芯放入真空泵中脱气 24 h，之后将煤芯侧面用胶带封好，然后将其放入岩心槽中，将两侧端盖拧紧。

（4）对煤芯施加一定的围压和孔隙压，煤芯槽温度调节为 20 ℃，并用 $CO_2$检查装置气密性。

（5）拧开高压气瓶的进瓦斯气阀，调节甲烷压力值和围压值，通入 99.9% 纯度的甲烷气体，调节稳流阀、针形阀和稳压阀，通过转子流量计观察，待气体排出速度稳定后，视为煤芯吸附饱和。

（6）关闭瓦斯进气阀门，然后打开出气阀门，采用排水量气法，解吸后至不再有气体析出为解吸结束，记录排出气体的体积，所得量筒空余体积为甲烷的解吸气体体积。

## 5.3.2 实验结果及分析

本吸附解吸实验所用煤芯来自辽河阜新矿区和五龙矿区，取其中的 4 个煤样进行实验。为了能够较好地研究孔隙压和围压对煤岩的不同影响，本章分别做了定围压变化孔隙压和定孔隙压变化围压两个类型的实验。

### 5.3.2.1 围压一定，孔隙压变化

将质量 $W$ 为 19.605 2 g 的煤芯放入岩心槽，并把煤芯槽的围压控制在 1 MPa，温度为 20 ℃，甲烷在不同的孔隙压下获得不同的吸附量和解析量。根据原始的数据，得到不同煤样的吸附等温线和解吸等温线，如图 5-5、图 5-6、图 5-7 和图 5-8 所示。

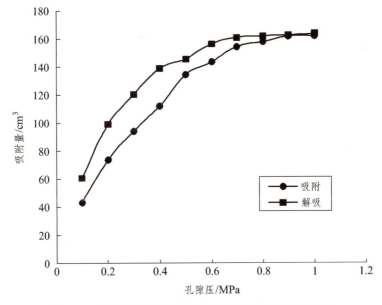

图 5-5　甲烷吸附量与孔隙压的关系图（煤样 FX1）

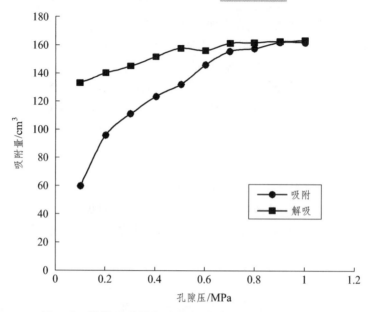

图 5-6　甲烷吸附量与孔隙压的关系图（煤样 FX2）

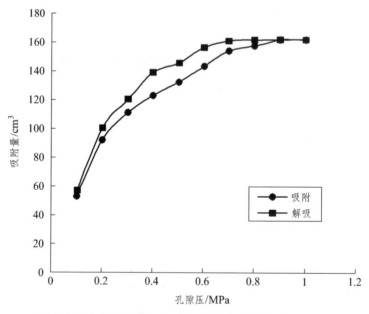

图 5-7　甲烷吸附量与孔隙压的关系图（煤样 FX3）

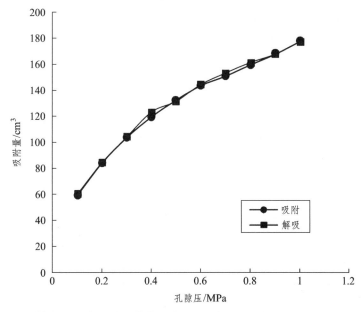

图 5-8　甲烷吸附量与孔隙压的关系图（煤样 WL2）

　　本次实验进行了吸附和解吸两个部分。通过分析上面的曲线图可以发现，只有图 5-8 所示的煤样中的甲烷几乎没有吸附滞后现象，而其他 3 个都有不同程度的吸附滞后现象。对于吸附的滞后性已经有相关科研人员进行了研究，本章就不再进行赘述了。在这里借鉴前人的研究成果进行相关的现象解释。

　　颜肖慈[57]等通过研究发现滞后现象与多孔吸附剂的孔隙结构有关，并且由此总结了一定的规律：

　　（1）微孔吸附气体时，等温吸附和等温解吸两条曲线是重合的，并没有吸附滞后现象。

　　（2）一端封闭的圆柱形或者平行板形的孔隙吸附是有滞后现象的。

　　（3）两端开口的孔也有吸附滞后现象。

　　（4）端口小而内腔大的墨水瓶形的孔也具有吸附滞后现象。

　　由本书第 4 章的 4.1.2 节对煤岩孔隙形态的分析，得知选取的阜新煤矿的煤属于细瓶颈孔隙类型，所以符合端口小、内腔大的特点，具有吸附滞后性；从本节的实验结果图 5-5、图 5-6、图 5-7 的曲线上也能看到煤岩具有吸附滞后现象，2 个实验结果的是一致的，这就印证了本章的实验结果和前人研究的理论结果的一致性。

### 5.3.2.2　孔隙压一定，围压变化

　　将质量 W 为 19.605 2 g 的煤芯放入岩心槽，并把甲烷气瓶的压力控制在

0.2 MPa，温度为 20 °C，在不同的围压下获得不同的解析量。$W$ 为 19.605 2 g，温度为 20 °C。如图 5-9、图 5-10、图 5-11 和图 5-12 所示。

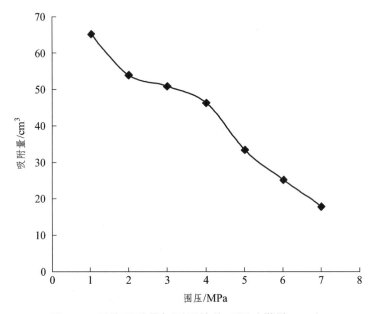

**图 5-9　甲烷吸附量与围压的关系图**（煤样 FX1）

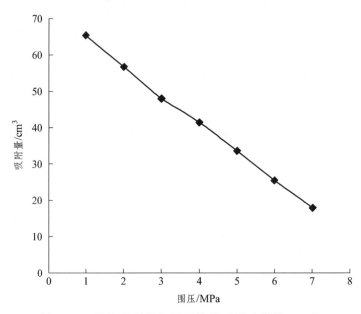

**图 5-10　甲烷吸附量与围压的关系图**（煤样 FX2）

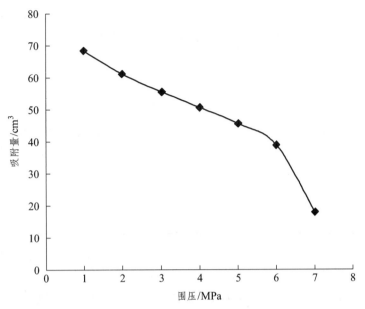

图 5-11　甲烷吸附量与围压的关系图（煤样 FX3）

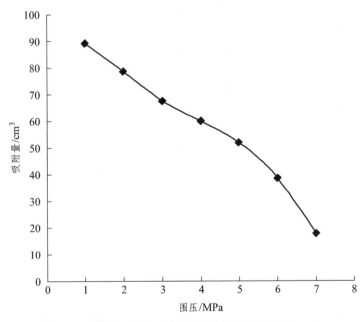

图 5-12　甲烷吸附量与围压的关系图（煤样 WL1）

由上面几个图可以看出，煤岩中甲烷的吸附量随孔隙压的增大而增加，随围压的增大而减少，这是由于当孔隙压增大时，煤岩基质内孔隙增大，使得甲烷的吸附表面积增加；而当围压增大时，受外部压力的影响，煤岩孔隙开始收缩，导致甲烷吸附内表面积减小，从中也可以得知煤层气与常规天然气的储气机理是不一样的。

## 5.4 CH$_4$和CO$_2$竞争吸附实验研究

前面研究了煤岩对甲烷的吸附情况，并且得到了一定的研究成果，本节利用CO$_2$提高煤层气采收率这一理念，来研究CH$_4$和CO$_2$在不同的围压下其吸附量的变化情况。

### 5.4.1 竞争吸附实验研究步骤

运用气相色谱仪能根据不同的峰值高度分析气体组分的原理，将竞争后的混合气体通入气相色谱仪，从而获得不同条件下CH$_4$和CO$_2$的吸附量变化值。具体实验步骤如下：

（1）从辽河阜新现场取回的煤岩中钻取煤芯，由于极易受水伤害，所以采用煤油钻取，取出后将其加工成直径为2.5 cm、高为5 cm左右的圆柱体煤芯。

（2）将煤样置于真空干燥箱内，加热到80 ℃下恒温8 h，再冷却至室温后取出称重。

（3）再将煤芯放入真空泵中脱气24 h，之后将煤芯侧面用胶带封好，然后将其放入岩心槽中，将两侧端盖拧紧。

（4）将煤芯施加一定的围压和孔隙压，煤芯槽温度调节为20 ℃，并用CO$_2$检查装置气密性。

（5）拧开瓦斯（99.9%纯度的甲烷气体）高压气瓶和二氧化碳气瓶的进气阀，调节两个气瓶的气压值都在同一数值，以保证两种气体的均一性。调节稳流阀、针形阀和稳压阀，打开进气口，关闭出气口，吸附24 h，视为吸附饱和。

（6）吸附24 h之后，先关闭瓦斯进气阀门，然后打开出气阀门，解吸24 h，视为解吸完全。

（7）解吸24 h后，将解吸后的混合气体注入气相色谱仪，观察所得结果。

### 5.4.2 CO$_2$和CH$_4$竞争吸附实验结果及分析

#### 5.4.2.1 CO$_2$和CH$_4$单组分吸附实验

由于气相色谱仪对于同一用量的不同气体所反映出来的峰值大小是不同的，所以当CH$_4$和CO$_2$混合后，经过吸附反映到气相色谱仪上，再对它们的绝对值进行分析比较。本节为了能够对CH$_4$和CO$_2$混合后吸附的数据进行研究，首先对相同注射量的CH$_4$和CO$_2$进行了对比分析，即对两种气体的单一组分进行了分析，在单独分析时，它们的用量都是 2mL。相同用量的 CH₄ 和 CO₂ 反映的峰高、峰面积及保留时间见图 5-13、图 5-14 及表 5-1、表 5-2。

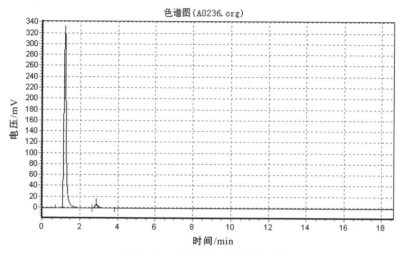

图 5-13　CO₂ 的单组分色谱峰

**表 5-1　CO₂ 的单组分结果分析表**

| 峰号 | 峰名 | 保留时间/min | 峰高 | 峰面积 | 含量（%） |
|------|------|-------------|------|--------|----------|
| 1 | | 1.207 | 326103.000 | 2837672.250 | 96.8453 |
| 2 | | 2.882 | 6794.154 | 92434.719 | 3.1547 |
| 总计 | | | 332897.154 | 2930106.969 | 100.0000 |

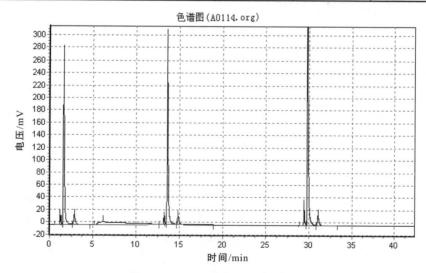

图 5-14　CH₄ 的单组分色谱峰

表 5-2　$CH_4$ 的单组分结果分析表

| 峰号 | 峰名 | 保留时间/min | 峰高 | 峰面积 | 含量（%） |
|------|------|-------------|------|--------|----------|
| 1 | | 1.223 | 16985.283 | 96780.789 | 0.8883 |
| 2 | | 1.357 | 6177.716 | 47429.012 | 0.4353 |
| 3 | | 1.590 | 281106.219 | 2264351.500 | 20.7837 |
| 4 | | 2.840 | 15941.148 | 228926.188 | 2.1012 |
| 5 | | 6.148 | 4072.927 | 1043118.188 | 9.5744 |
| 6 | | 13.240 | 11913.074 | 72147.023 | 0.6622 |
| 7 | | 13.373 | 4819.107 | 36357.813 | 0.3337 |
| 8 | | 13.598 | 301396.594 | 2578315.750 | 23.6655 |
| 9 | | 14.873 | 13834.727 | 233822.813 | 2.1462 |
| 10 | | 29.415 | 31829.076 | 228861.813 | 2.1006 |
| 11 | | 29.757 | 385676.469 | 3821445.500 | 35.0758 |
| 12 | | 31.057 | 15762.779 | 243277.609 | 2.2330 |
| 总计 | | | 1089515.119 | 10894833.996 | 100.0000 |

由图 5-13 中 $CO_2$ 的单组分色谱峰和表 5-1 中 $CO_2$ 的单组分结果分析表可以看出，注入同样量的二氧化碳，其峰高为 326 103.000，峰面积为 2 837 672.250，保留时间为 1.2 min 左右。

由图 5-14 中 $CH_4$ 的单组分色谱峰和表 5-2 中 $CH_4$ 的单组分结果分析表可以看出，2 mL 甲烷的峰高为 281 106.219，峰面积为 2 264 351.500；从保留时间看，甲烷出峰的时间为 1.6 min 左右。

从以上图表可以得知，假如 2 种气体混合在一起，那么二氧化碳要比甲烷先出峰。此外，相同含量的二氧化碳和甲烷的峰面积比值为 2 837 672.250：2 264 351.500 = 1.25，在这里将这个数值定义为峰比系数。

### 5.4.2.2　$CO_2$ 和 $CH_4$ 混合气体的吸附解吸规律研究

确定好 $CO_2$ 和 $CH_4$ 两种气体的保留时间和峰比系数之后，本节进行了二氧化碳和甲烷这两种气体在不同的围压下的吸附解吸规律研究。分别在围压为 1 MPa、2 MPa、3 MPa、4 MPa 和 5 MPa 下吸附解吸 24 h 后得到不同的色谱图和分析结果表，见图 5-15 ～ 图 5-19 和表 5-3 ～ 表 5-7。

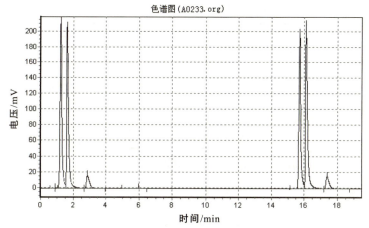

**图 5-15　混合气体色谱峰**（围压为 1 MPa）

**表 5-3　混合气体结果分析表**（围压为 1 MPa）

| 峰号 | 峰名 | 保留时间/min | 峰高 | 峰面积 | 含量（%） |
|------|------|-------------|------|--------|----------|
| 1 | | 0.882 | 126.076 | 1372.190 | 0.0195 |
| 2 | | 1.240 | 215202.719 | 1667407.000 | 23.6770 |
| 3 | | 1.623 | 207228.484 | 1624634.875 | 23.0696 |
| 4 | | 2.882 | 16454.084 | 217478.344 | 3.0882 |
| 5 | | 5.982 | 262.443 | 6010.150 | 0.0853 |
| 6 | | 15.732 | 199190.500 | 1574308.250 | 22.3550 |
| 7 | | 16.132 | 201067.500 | 1735579.000 | 24.6450 |
| 8 | | 17.398 | 15727.000 | 215529.594 | 3.0605 |
| 总计 | | | 855258.807 | 7042319.402 | 100.0000 |

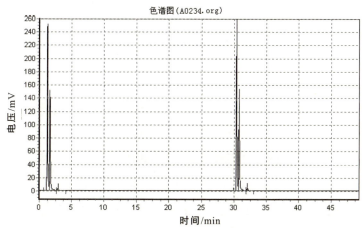

**图 5-16　混合气体色谱峰**（围压为 2 MPa）

表 5-4　混合气体结果分析表（围压为 2 MPa）

| 峰号 | 峰名 | 保留时间/min | 峰高 | 峰面积 | 含量（％） |
|---|---|---|---|---|---|
| 1 | | 1.232 | 245729.906 | 1840390.250 | 29.9160 |
| 2 | | 1.615 | 143047.969 | 1135529.125 | 18.4583 |
| 3 | | 2.923 | 3284.944 | 49284.453 | 0.8011 |
| 4 | | 30.365 | 259889.516 | 1929226.750 | 31.3601 |
| 5 | | 30.748 | 145355.234 | 1154710.500 | 18.7701 |
| 6 | | 32.065 | 2946.979 | 42714.957 | 0.6943 |
| 总计 | | | 800254.548 | 6151856.035 | 100.0000 |

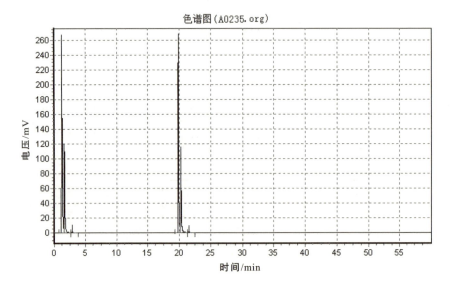

图 5-17　混合气体色谱峰（围压为 3 MPa）

表 5-5　混合气体结果分析表（围压为 3 MPa）

| 峰号 | 峰名 | 保留时间/min | 峰高 | 峰面积 | 含量（％） |
|---|---|---|---|---|---|
| 1 | | 1.223 | 262229.031 | 1950039.000 | 34.3891 |
| 2 | | 1.615 | 112116.328 | 879865.688 | 15.5165 |
| 3 | | 2.907 | 2790.243 | 40790.945 | 0.7194 |
| 4 | | 19.848 | 263702.250 | 1926596.375 | 33.9757 |
| 5 | | 20.240 | 108143.758 | 838034.625 | 14.7788 |
| 6 | | 21.532 | 2244.943 | 35183.816 | 0.6205 |
| 总计 | | | 751226.553 | 5670510.449 | 100.0000 |

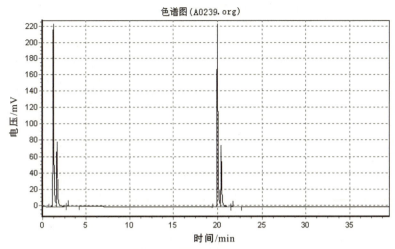

图 5-18　混合气体色谱峰（围压为 4 MPa）

表 5-6　混合气体结果分析表（围压为 4 MPa）

| 峰号 | 峰名 | 保留时间/min | 峰高 | 峰面积 | 含量（%） |
|---|---|---|---|---|---|
| 1 | | 1.223 | 216756.875 | 1565688.126 | 36.3878 |
| 2 | | 1.632 | 71559.781 | 570861.250 | 13.2673 |
| 3 | | 2.923 | 1179.957 | 23467.791 | 0.5454 |
| 4 | | 19.965 | 218474.328 | 1575177.125 | 36.6083 |
| 5 | | 20.373 | 68878.531 | 549242.063 | 12.7648 |
| 6 | | 21.673 | 1004.134 | 18346.285 | 0.4264 |
| 总 计 | | | 577853.606 | 4302782.639 | 100.0000 |

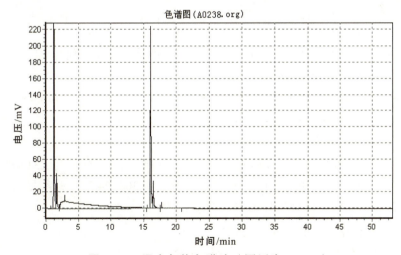

图 5-19　混合气体色谱峰（围压为 5 MPa）

表 5-7　混合气体结果分析表（围压为 5 MPa）

| 峰号 | 峰名 | 保留时间/min | 峰高 | 峰面积 | 含量（%） |
|---|---|---|---|---|---|
| 1 | | 1.207 | 231207.063 | 1718923.500 | 24.9255 |
| 2 | | 1.623 | 38004.000 | 308154.313 | 4.4684 |
| 3 | | 2.882 | 10257.550 | 3000195.250 | 43.5048 |
| 4 | | 16.098 | 216601.313 | 1576339.625 | 22.8580 |
| 5 | | 16.515 | 27649.072 | 247664.406 | 3.5913 |
| 6 | | 17.782 | 1377.464 | 44954.539 | 0.6519 |
| 总 计 | | | 525096.461 | 6896231.633 | 100.0000 |

　　由以上图表可知，当围压为 1MPa 时，$CO_2$ 和 $CH_4$ 两种气体解吸后峰高分别为 215202.719 和 207228.484，峰面积分别为 1667407.000 和 1624634.875，含量分别为 23.6770 和 23.0696。两种气体的真实含量比为：

$$\frac{1667407.000}{1624634.875} \times \frac{1}{1.25} = \frac{23.6770}{23.0696} \times \frac{1}{1.25} = 0.82$$

　　当围压为 2 MPa 时，$CO_2$ 和 $CH_4$ 两种气体解吸后峰高分别为 245729.906 和 143047.969，峰面积分别为 1840390.250 和 1135529.125，含量分别为 29.916 和 18.4583。两种气体的真实含量比为：

$$\frac{1840390.250}{1135529.125} \times \frac{1}{1.25} = \frac{29.9160}{18.4583} \times \frac{1}{1.25} = 1.3$$

　　当围压为 3 MPa 时，$CO_2$ 和 $CH_4$ 两种气体解吸后峰高分别为 262229.031 和 112116.328，峰面积分别为 1950039.000 和 879865.688，含量分别为 34.3891 和 15.5165。两种气体的真实含量比为：

$$\frac{1950039.000}{879865.688} \times \frac{1}{1.25} = \frac{34.3891}{15.5165} \times \frac{1}{1.25} = 1.77$$

　　当围压为 4 MPa 时，$CO_2$ 和 $CH_4$ 两种气体解吸后峰高分别为 216756.875 和 71559.781，峰面积分别为 1565688.125 和 570861.250，含量分别为 36.3878 和 13.2673。两种气体的真实含量比为：

$$\frac{1565688.125}{570861.250} \times \frac{1}{1.25} = \frac{36.3878}{13.2673} \times \frac{1}{1.25} = 2.19$$

　　当围压为 5 MPa 时，$CO_2$ 和 $CH_4$ 两种气体解吸后峰高分别为 231207.063 和 38004.000，峰面积分别为 1718923.500 和 308154.313，含量分别为 24.9255 和 4.4684。两种气体的真实含量比为：

$$\frac{1718923.500}{308154.313} \times \frac{1}{1.25} = \frac{24.9255}{4.4684} \times \frac{1}{1.25} = 4.46$$

为了能够更加清楚地研究 $CO_2$ 和 $CH_4$ 混合气体的吸附解吸规律，根据上面的相关数据，得出围压与气体出峰的峰高、峰面积、含量以及真实含量比的关系图，如图 5-20 ~ 图 5-23 所示。

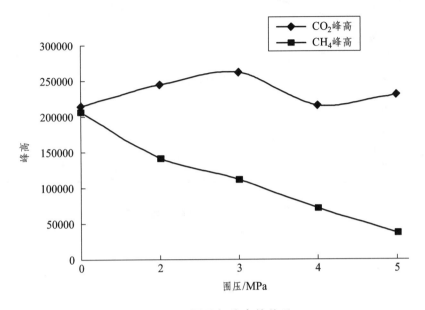

图 5-20　围压与峰高的关系

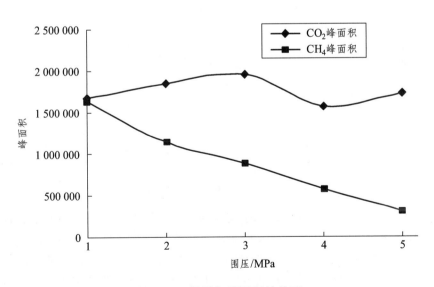

图 5-21　围压与峰面积的关系

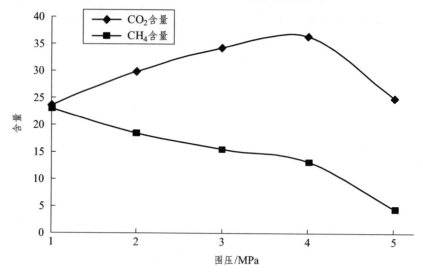

图 5-22 围压与两种气体含量的关系

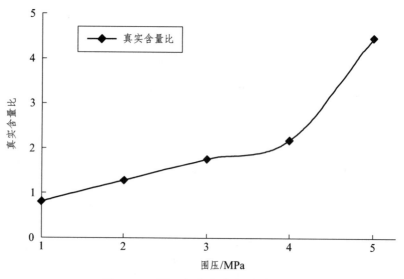

图 5-23 围压与真实含量比的关系

由以上几个图可以看出，随着围压的增加，甲烷的峰高、峰面积和含量都呈现下降的态势，而二氧化碳则呈现出先增加、后下降的态势，所以在现场施工的时候应注意注入 $CO_2$ 的时间，要注意井下的压力问题。从围压和真实含量比的关系图可以看出，随着围压的增加，对甲烷的影响非常大，但是对二氧化碳的影响却比较小。

二氧化碳是酸性气体，随着围压的增大，在煤层中气体逐步进入煤孔隙深部，从化学角度分析很可能是二氧化碳与煤中矿物组分发生化学反应或者化学作用。然而，当压力超过某个数值时，多余的气体由于围压增大割理合拢变又从煤岩中出来了，所以当围压达到 4 MPa 后，二氧化碳的含量就减少了。

根据前面几章的研究，本节提出，用 $CO_2$ 伴随清洁压裂液能够有效提高煤层气的采收率。

## 5.5　本章小结

（1）本章主要研究了煤层气受压力变化的规律，并且自制了煤层甲烷的吸附解吸实验装置，此实验装置具有简便、实验数据易得的特点。

（2）通过甲烷和 $CO_2$ 的竞争吸附解吸实验，得出如下结论：甲烷的峰高、峰面积和含量都呈现下降的态势，而二氧化碳则呈现出先增加、后下降的态势。由此，得出在现场施工的时候应注意注入 $CO_2$ 的时间和井下的压力问题。

（3）提出以下结论：用 $CO_2$ 伴随清洁压裂液能够有效提高煤层气的采收率。

# 第 6 章　泡沫流体基本性能研究

## 6.1　泡沫流体简介

　　泡沫是不溶性气体或微溶性气体分散于液体或熔融固体中形成的多相分散体系，其中液体是连续相（分散介质），气体是非连续相（分散相），由于气、液有较大密度差的存在，所以液体中的气泡总是很快上升到液面，形成以少量液体构成的液膜隔开气体的气泡聚集物[58]。泡沫具有很大的表面自由能，在破泡之后体系液体的总表面积大大减少，也就是能量大大降低了，所以泡沫体系本身就是一种热力学不稳定体系。必须在一定的条件下，采取合适的措施，才能使泡沫保持一定的稳定性。

### 6.1.1　泡沫的生成及分类方法

　　生成泡沫的常用方法是分散法，即将气体通过一定孔径的细管引入液体中来制备泡沫。在泡沫钻井中常通过混泡器或者在水泵泡沫增压器的增压腔内使气、液混合形成泡沫。

　　关于泡沫的分类方法[58-60]有很多，由于研究的目的不同，所以分类的方法也大大不同。

　　（1）按照组成泡沫的气、液的比例分类。假如泡沫体系的气体含量大于50%，那么就称之为"干式泡沫"；如果液体的含量大于50%，则该泡沫就被称为"湿式泡沫"。在压裂的过程中通常使用的是湿式泡沫，因为施工过程中需要泡沫具有很好的黏度。泡沫中气体含量太多的话，黏度会降低。本章研究的清洁泡沫体系就属于湿式泡沫。

　　（2）按照泡沫的存在形态分类。按此方法泡沫可以分为"稀泡沫"和"浓泡沫"。稀泡沫是气体以小的球形状态均匀分布在较黏稠的液体中，气泡表面有较厚的膜。浓泡沫是由于气体与液体的密度相差较大，液体的黏度又较低，气泡能很快地升到液面，形成气泡聚集物，气泡聚集物是以少量液体的液膜隔开的多面体气泡单位所组成的，这种泡沫称为浓泡沫。这种泡沫在钻井中运用得比较多，常用作冲洗介质。由于泡沫的性能取决于液膜，液膜的性质越稳定，表面弹性越好，则泡沫的寿命也越长。因此，相对而言，在同样的条件下，稀泡沫由于气泡表面有较厚的膜，其性能较为稳定；而浓泡沫由于气泡表面的液膜薄，故而性能不够稳定，排液速度快，因而易于破裂。伴注 $CO_2$ 清洁泡沫体系中生成的泡沫是在液面聚集的，所以它与稀泡沫相比，稳定性要差一些。

（3）泡沫流体按照其组分又可分为硬质泡沫流体（微泡）和稳定泡沫流体（纯泡沫）两大类。硬质泡沫流体是由水、气体、膨润土、发泡剂和稳泡剂组成的非常稳定的分散体系。稳定泡沫流体是由水、气体、发泡剂和稳泡剂配成的分散体系，该种泡沫与各类电解质、原油、天然气及钻井作业过程中的污染物配伍性较强，且能处理大量的地层水，是目前较广泛使用的泡沫流体。本章涉及的清洁泡沫压裂液即属于稳定泡沫流体。

## 6.1.2　泡沫的组成

泡沫的形成机理是很复杂的，纯液体是不能形成泡沫的。向纯液体中通入气体，虽然能产生气泡，但是它们存在的时间很短，离开液面马上破裂。想要形成稳定的泡沫，液体中必须要有两种以上的组分，比如表面活性剂就是典型的易产生泡沫的体系。向含有一定浓度的表面活性剂的水溶液中通入气体并使之分散，就可以得到泡沫。气体分散于活性剂水溶液中时，由于活性剂分子的定向排列以及分子本身的静电位和表面黏度，就形成了稳定的液包气薄膜——气泡，大量的气泡堆积在一起就形成了泡沫。

泡沫中包含气相、液相还有表面活性剂，也就是起泡剂和稳泡剂[61]。

工业上用于泡沫流体的气相有空气、天然气、氮气以及二氧化碳气体。空气和天然气存在易燃易爆的不安全因素，所以应尽量避免使用到油田作业中。比较常用的是氮气和二氧化碳气体。

泡沫流体的液相通常有水基、醇基、烃基和酸基。水基泡沫配制方便，价格便宜，并且与线性或交联凝胶剂配合容易形成稳定的泡沫，除了水敏性特强的地层，一般都可以广泛应用。醇基泡沫适用于极易水锁及强水敏性地层，有利于保护储层；但这类泡沫易燃、成本高、施工不安全，不适合在含有沥青、石蜡的油气井中应用，因为这些井中使用此类泡沫容易生成沉淀，堵塞油气层。烃基的泡沫基液可以是原油或者处理后的柴油、煤油还有凝析油，这种泡沫成本高、易着火、不安全，施工条件比较苛刻。泡沫酸一般由有机酸、无机酸和它们的混合物形成。泡沫酸可用于含钙质的砂岩或灰岩酸化中。

表面活性剂是泡沫中必不可少的成分。因为它的吸附性可以大大降低泡沫表面的张力，也因此大大降低了泡沫的表面能，也就降低了产生泡沫要做的表面功,这样泡沫就很容易产生了;而同时又要求泡沫剂在气-液界面上吸附产生一层保护膜。一般好的起泡剂要求:泡沫体积膨胀倍数高,也就是起泡性能好;泡沫稳定性强;泡沫抗污染能力强,与储层岩石、流体等配伍性好;凝固点低,毒性小,可生物降解;耐高温;配制泡沫基液用量少,成本低;原料充分,货源广泛。

### 6.1.3 泡沫的结构

对于泡沫的结构,人们已经普遍接受的是 Plateau 交界结构,认为气泡彼此间以 120° 角相交,所以在多边泡沫结构中,大多数是六边形结构,一般是三个气泡相交,这个角度是最稳定的。二维的泡沫结构基本上就是由六角或者网状结构构成的。如果有更多的泡沫堆积的话,也会自动形成最稳定的结构,见图 6-1。泡沫就是多面体气泡构成的组合。

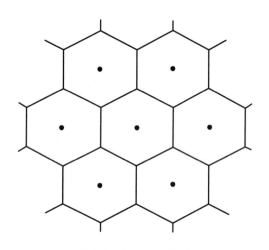

图 6-1 Plateau 结构

## 6.2 泡沫流体的基本参数

表征泡沫的主要参数有:泡沫质量、泡沫的流度或视黏度、泡沫的半衰期、泡沫的稳定性、泡沫的膨胀系数、气泡的大小和泡沫液膜的厚度等。

泡沫质量是指在一定的温度和压力下,泡沫流体中的气体体积与泡沫体积之比,也称为泡沫干度或泡沫特征值。有研究指出,在低压时根据气泡相互作用的不同,将泡沫质量分为几个区段:泡沫质量低于 0.52 时,球形气泡分散良好,相互不接触,此时黏度较低;泡沫质量在 0.52 ~ 0.74 之间时,气泡致密，流动期间相互接触，引起气泡相互干扰，泡沫黏度较大且比较稳定；泡沫质量在 0.74～0.95 之间时，气泡必须变形以产生流动，此范围内达到最大黏度。当泡沫质量大于 0.9 的时候，流体接近于雾状[62, 63]，此时液相变为分散相，黏度大大降低至气体的黏度，这样在施工中很容易造成砂堵甚至有可能导致施工的失败。

　　泡沫的流度可以用来描述泡沫的流变性，它的定义是：通过单位截面积的总流量（泡沫）与气、液同时通过岩样所需的压降之比，单位是 $\mu m^2/(mPa \cdot s)$。

　　泡沫的视黏度是指岩样的盐水渗透率与测定的流度之比，单位是厘泊（cP）。

　　泡沫的半衰期即泡沫液中排出一半液体所需要的时间，也就是泡沫体积衰减一半所经历的时间，它是衡量泡沫稳定性的一个重要指标。

　　泡沫是一种不稳定流体，当泡沫静止不动时，小泡沫会有向大气泡中扩散的倾向，小气泡变成大气泡后，大气泡就会因为浮力的作用逐渐上升。因此泡沫是一种复杂的流体，它的性能会受到很多可变因素的影响。

## 6.3　泡沫性能的测定方法

　　泡沫性能的测定通常是指起泡性和稳泡性的测定。测试泡沫性能的方法主要有以下几种：气流法、搅动法、Ross-Miles 法、光学法、近红外扫描仪法、共焦显微镜法、强化电阻技术、电导率法[64, 65]等。前 3 种是比较传统的方法，后 5 种是研究者们根据前面的方法加以改进得到的。

　　（1）气流法就是气体以一定的流速通过玻璃砂滤板，滤板上有一定量的试液，气流通过滤板就形成了小的气泡，气泡通过试液时就产生了泡沫，如图 6-2 所示。当气流的速度固定并使用相同的仪器测量，流动平衡时的泡沫高度就可以作为泡沫性能的一个量度。因为这个泡沫高度是在一定的气流速度下，泡沫生成与破坏处于动态平衡的高度，所以这种方法可以定性地说明起泡和稳泡这两种性能。

　　（2）搅动法是通过在气体中搅动液体，将气体（一般是空气）搅入液体中从而产生泡沫。此种方法要求严格规定搅动仪器的规格、搅动方式、速度、时间、试液用量等条件，以保证实验结果的重复性和再现性。搅拌停止时产生的泡沫体积为 $V_0$，表示试液的起泡性能。

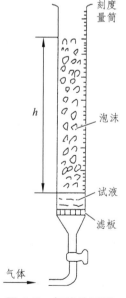

图 6-2　气流法测试泡沫性能

记录停止搅动后泡沫体积随时间的变化比，即记录停止搅拌后不同时间（$t$）的泡沫体积（$V$），做出 $V$-$t$ 曲线，然后量出 $V$-$t$ 曲线的积分量，也就是泡沫体积对时间的积分面积，用 $L_f$ 来表示泡沫的稳定性。

（3）Ross-Miles 法也称为罗氏法，已作为国家标准采用。其仪器见图 6-3。将滴液管注满试液至刻度线，如图安装好。打开玻璃管的活塞，使溶液流下，当滴管中的液体流完时，立刻记录泡沫高度。测试温度可以利用夹套量筒的夹套中通满恒温的水来保证。目前有很多发泡力都是通过改进的 Ross-Miles 法来测定的，这种方法是：使 500 mL 表面活性剂溶液从 450 mm 的高度流到相同溶液的液体表面，然后测量得到的泡沫体积[66]。

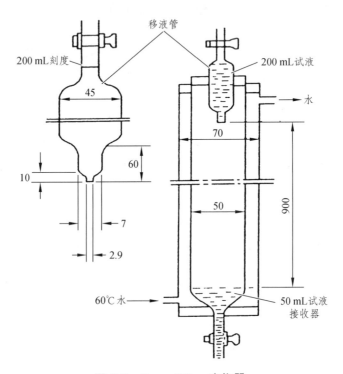

图 6-3　Ross-Miles 法仪器

（4）光学法是 Rusanov 等人开发出来的测量泡沫稳定性的方法。光学法直接测量的是气泡半径随时间的变化。原理是：光源发出的白光经瞄准仪折射后形成准平行光，遮光板上的小孔直径约为 1cm（不小于 10 个气泡的直径），光线通过遮光板后照射到装有气泡的玻璃容器上，透过泡沫到达光电倍增管，光电流的大小由检流器来记录。这种方法可以监测泡沫破裂衰变的过程。

（5）近红外扫描仪法是使用 MA2000 型近红外分散稳定性扫描仪对泡沫体系的稳定性进行分析，是由李晓明发现的。该扫描仪带有 1 个近红外线脉冲光源和 2 个同步的监测器（一个是投射光监测器，另一个是反射光监测器）。由于不同的流体对光线有不同的透射率和反射率，同一流体的稳定性随时间而变化，它对光线的透射率和反射率也会发生变化。此方法就是根据这样的原理对泡沫的稳定性进行测量的。

（6）共焦显微镜法是 Koehler 等人以传统的气流法为基础，在量筒的侧面装有共焦显微镜和转译层，通过观测示踪荧光乳胶球的运动情况来解释 Plateau 边界内的液体流动情况。

（7）强化电阻技术是 Barigou 等人在传统的气流法的基础上，在量筒的内侧上放置 5 对相互独立的电极，各对电极将测得的电阻数据输入到数据采集器，对 5 个不同位置的泡沫的排液情况进行实时监测。

（8）电导率法是 Dame 等人采用直径为 2 mm 的玻璃珠在量筒底部形成多孔介质，利用气流产生泡沫，而量筒的侧面装有探针来测量靠壁液膜的厚度的变化以及泡沫中液体含量的变化，配置外部校准探针来消除温度变化对电导率的影响。

本章中测定 $CO_2$ 混相泡沫稳定性能的方法是改进的气流法。使用 $CO_2$ 钢瓶来通气，以流量计来控制通气的速度，记录通气的时间，根据通气量和所起泡沫的体积来计算泡沫质量；观察泡沫液起泡的高度及泡沫的半衰期。再改变温度、泡沫质量等各个条件，观察体系的起泡性能和半衰期的变化。这种方法的优点是操作简单方便，常压下的结果准确；缺点是无法改变环境压力，压力变化引起的泡沫不稳定则需要通过压缩因子来修正。

# 第 7 章　伴注 $CO_2$ 清洁泡沫体系的研究

## 7.1　伴注 $CO_2$ 清洁压裂液的结构特点及理论依据

清洁压裂液的蠕虫状胶束构成的空间网状结构体现了它独特的流变性。因为清洁压裂液由表面活性剂和盐水来实现溶液的黏性和弹性，所以无须在体系中加入高分子物质，破胶后无残渣，它因低伤害而被广泛使用。在有表面活性剂的水溶液中，随着表面活性剂浓度的增大，表面活性剂分子"双亲"结构中的亲油基被水分子排斥，所以表面活性剂分子聚集成球状胶束，由于亲水基带正电，球状胶束之间相互排斥，此时溶液并不增黏。当加入阴离子后，抵消了阳离子之间的斥力，亲油的尾部远离极性介质（水）朝向胶束内部，而亲水的头部则远离胶束中心，朝向表面。球状胶束转变成棒状，棒状胶束之间相互缠结成空间网状结构，此时溶液黏度增加并且具有一定的弹性，它可以在外界的作用下不再缠结或者重新缠结，这种聚集方式是可逆的。假如对该液体进行剪切，网状结构可以被破坏，黏度降低。但静置一段时间后，其网状结构又重新缠结而成。若加入有机溶剂后，比如烃类，这些有机分子可以进入到胶束的内核，改变它们的聚集状态，蠕虫状的胶束就会很快变成球状胶束，黏度也因此明显降低。

泡沫压裂液是一种优质、低损害的压裂液体系，具有黏度高、滤失低、清洁压裂裂缝、对储集层损害小、易返排等特点，特别适用于低压、水敏性储集层[27]。泡沫压裂液中常用的伴注气体就是 $CO_2$ 和 $N_2$。$CO_2$ 与 $N_2$ 比较，除了可以优先于甲烷吸附在煤层上，增加甲烷的解吸以外，随着矿井的逐渐加深，$N_2$ 泡沫需要较高的表面处理压力。单位体积的液态 $CO_2$ 能够提供与水相所提供的类似的流体静力学压力，这个压力恰好可以作为加速破胶液体返排的能量，而 $N_2$ 则没有这个性质。$CO_2$ 还具有其他独特的物理性质，它在不同的条件下可以以气、液、固三种相态存在。从图 7-1 所示的 $CO_2$ 相态分布曲线来看，在温度为 $-56.6\ ^{\circ}C$ 和压力为 $0.531\ MPa$ 时，$CO_2$ 以气、液、固三种相态同时存在，此点即为 $CO_2$ 的"三相点"。$CO_2$ 的临界温度和压力分别是 $31.16\ ^{\circ}C$ 和 $7.382\ MPa$，$CO_2$ 的临界状态在地层中很容易达到，而超临界流体具有部分液体的性质，黏度低、流动性好、扩散性强、对溶质具有较强的溶解能力。$N_2$ 没有这个性质。

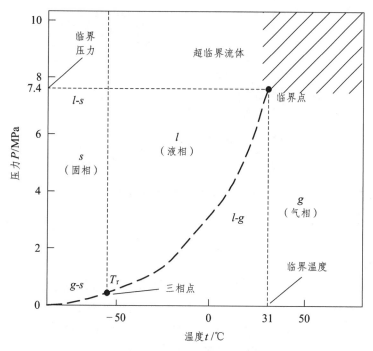

图 7-1　二氧化碳的三相图

在煤层的压裂过程中，想减少地层伤害，可以首先选用无固相残渣的 VES 清洁压裂液。但是低伤害还有一个关键要素就是它破胶后要有充足的能量快速返排，否则破胶越彻底，侵入低渗透地层的程度越深[67]。最好就是利用伴注气体来促进返排，尽量减少破胶液等流体在储层的停留时间，这说明泡沫体系在低渗透煤层也是具有优势的。因此将 $CO_2$ 与 VES 结合起来，就能较好地解决煤层压裂过程中的问题。

本节中将 $CO_2$ 分散到 VES 清洁压裂液中，也就是将 VES 压裂液与泡沫压裂液两种体系的优点结合起来，既减少了泡沫压裂液中应该引入的高分子聚合物的量，注气后又增加了能量，促进完全破胶的清洁压裂液的返排。另外，泡沫体系进入地层以后，因为 $CO_2$ 独特的物理性质，地层条件很容易就使 $CO_2$ 处于超临界状态。此时，VES 流体和超临界的 $CO_2$ 又可以视为两种流体，且两种流体相互分散，且基本不互溶，这样就形成了一种类似混相的体系，其结构见图 7-2[68]。该体系中表面活性剂分子与不同的官能团结合，

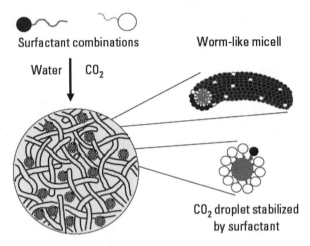

图 7-2　VES-$CO_2$ 结构图[68]

聚集成蠕虫状的胶束，$CO_2$ 存在的时候表面活性剂分子就会移动到 $CO_2$ 和水的界面上，并且使水相介质中的超临界的 $CO_2$ 也处于稳定状态，使整个体系更加稳定。

传统理论认为，$CO_2$ 与 VES 结合在一起是不可能的，因为 $CO_2$ 本身是可以溶于有机溶剂中的，相似相溶，它应该也具有有机溶剂的性质，这对 VES 体系的结构来说是有破坏作用的。但事实上 $CO_2$ 作为不连续的分散相，根本不会进入到胶束的内部去破坏该体系原有的性质。最终流体的黏度主要还是由胶束相互缠结形成的。在该体系中，VES 流体是连续相，所以其原来固有的性质比如悬砂性、低摩阻、不剪切降解等特性还依然存在。

## 7.2　注 $CO_2$ 清洁泡沫体系的确定

因为注 $CO_2$ 清洁泡沫压裂体系的性能在很大程度上取决于连续相 VES 压裂液的性能，而且泡沫体系的黏度也主要是由 VES 清洁压裂液来提供的，所以本节首先确定泡沫基液的组成，也就是 VES 清洁压裂液的表面活性剂、反离子助剂、黏土稳定剂、温度稳定剂等的种类和加量。

### 7.2.1　实验药品和仪器

主要药品：季铵盐型阳离子表面活性剂 SL-16、阴离子型表面活性剂 SW-12、反离子助剂(无机盐类)、黏土稳定剂、温度稳定剂、稳泡剂 V1-CMC 等，均为分析纯。

主要仪器：CVRO200 型高温高压流变仪、BZY-1 型全自动界面张力仪、泥土膨胀仪。

## 7.2.2　VES 清洁压裂液基本体系的确定

实验用煤岩样所处的储层位于地下 300～1 000 m 之间，岩样所在的辽宁阜新地区的地温梯度为 3 ℃/100 m，地表的温度为 7.5～15 ℃，地层水的温度约为 42 ℃，因此地层的温度为 40～45 ℃，在此温度下能满足携砂要求的前提下，使配方中各个物质的加量降到最低，不但可以节约成本，还可以减少对煤层的伤害。

VES 压裂液中常用的表面活性剂是阳离子型的，当所用盐的反离子或者表面活性剂本身所带的反离子能与离子型表面活性剂强烈结合时，就可以形成线型柔性棒状胶束。本节对多种常用的阳离子型表面活性剂和反离子进行了筛选实验，最终选定了阳离子型表面活性剂 SL-16 和反离子助剂水杨酸根。因为相比之下，它们在很低的浓度下就呈现出较理想的黏度。体系中各主要物质的加量最终通过正交试验来确定。

### 7.2.2.1　阳离子型表面活性剂与反离子助剂

在 45 ℃ 的温度下，黏度与表面活性剂的浓度的变化关系见图 7-3。

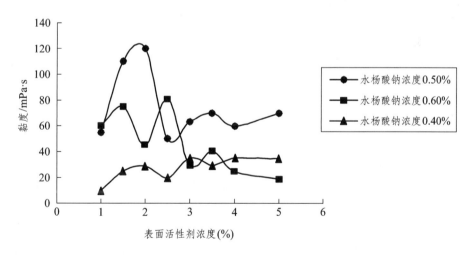

**图 7-3　黏度随着 SL-16 的浓度的变化关系**（在 45 ℃ 下）

随着表面活性剂的量的增大，体系的黏度先增大，然后减小，最后变化趋于平稳。从图 7-3 中可以看出，无论水杨酸钠是哪个浓度，体系的黏度都会出现一个最大值，然后再慢慢减小，只是最大值出现时的表面活性剂浓度不同。当水杨酸钠浓度为 0.5%、出现黏度的最大值时，表面活性剂的用量最小。

黏度随水杨酸钠的浓度的变化关系见图 7-4。

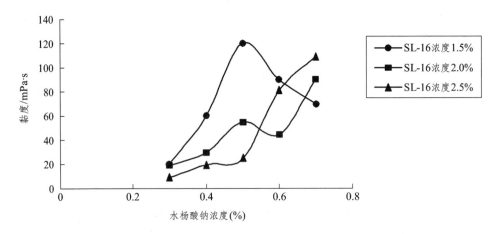

图 7-4　黏度随着水杨酸钠的浓度的变化关系（在 45 ℃下）

在图 7-4 中，随着水杨酸钠的量的增大，体系的黏度也逐渐增大，SL-16 的浓度为 1.5% 时，水杨酸钠的用量最小而且达到了比较理想的黏度。并且，当表面活性剂 SL-16 的量一定时，水杨酸钠的量加大到一定程度时，体系中会出现白色物质，且基本无黏度。而且盐的量加入越多，溶液的矿化度也越大，这样对泡沫的稳定性会产生很大的影响。所以考虑将 SL-16 的量初定为 1.5%、2%、2.5%，水杨酸钠的量初定为 0.4%、0.5%、0.6%，以它们作为体系正交实验的因子水平。

### 7.2.2.2　黏土稳定剂

考虑到煤层黏土矿物的膨胀，因此需要选择一种黏土稳定剂。很多关于清洁压裂液的研究中都提到使用 KCl 作为黏土稳定剂，因为它与表面活性剂配伍使用后，会有效地防止黏土膨胀。无机盐黏土稳定剂中最常用的稳定剂也是 KCl。它提供的阳离子可以防止黏土阳离子交换作用引起的浸析作用，使黏土颗粒堆积的各层片保持凝结或浓缩状态，阻止黏土颗粒的分散。该防膨实验在泥土膨胀仪上进行，将岩心粉碎后，观察不同浓度的 KCl 的防膨效果，见表 7-1。

表 7-1　不同浓度的 KCl 防膨率

| KCl 浓度（％） | 0.5 | 1.0 | 1.5 | 2.0 |
|---|---|---|---|---|
| 防膨率（％） | 87 | 91 | 93 | 95 |

但是，在实验中发现，氯化钾的加入会降低流体的黏度，本节选择了 SL-16 浓度为 1.5% 和水杨酸钠浓度为 0.5%，这两者是黏度最理想的组合。加入不同浓度的 KCl，观察黏度的变化，结果见图 7-5。由图 7-5 可以看到，随着 KCl 的加量增大，体系的黏度在降低。所以需要试验确定 KCl 的加量，在不影响黏度的前提下，达到最大的防膨效果。

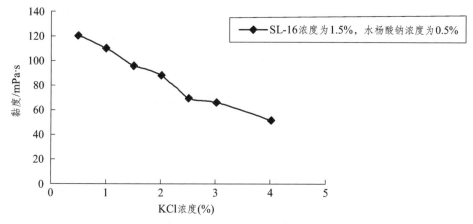

图 7-5　KCl 的浓度对黏度的影响

综合考虑防膨率和对体系黏度的影响，最终选择了 KCl 的浓度为 0.5%、1.0%、1.5% 作为正交试验的因子水平。

至此，确定了 1 个三因素、三水平的正交实验表，其结果见表 7-2。由表 7-2 可以得出第 2 组和第 9 组在黏度上相差无几，但是本着尽可能减少侵入煤层的外来物质的量的原则，确定第 2 组为 VES 粘弹体系的配方。

表 7-2　正交实验表

| 试验号 | SL-16 浓度(%) | 水杨酸钠浓度(%) | KCl 浓度(%) | 45 ℃ 黏度(mPa·s) |
|---|---|---|---|---|
| 1 # | 1.5 | 0.4 | 0.5 | 25 |
| 2 # | 1.5 | 0.5 | 1.0 | 80 |
| 3 # | 1.5 | 0.6 | 1.5 | 75 |
| 4 # | 2.0 | 0.4 | 0.5 | 29 |
| 5 # | 2.0 | 0.5 | 1.0 | 55 |
| 6 # | 2.0 | 0.6 | 1.5 | 45 |
| 7 # | 2.5 | 0.4 | 0.5 | 20 |
| 8 # | 2.5 | 0.5 | 1.0 | 25 |
| 9 # | 2.5 | 0.6 | 1.5 | 81 |

### 7.2.2.3 温度稳定剂

VES 清洁压裂液的体系基本确定以后，对这个基本体系进行了耐温耐剪切实验。该体系的耐温能力曲线见图 7-6。VES 体系的耐剪切能力曲线如图 7-7 所示的加入温度稳定剂前的曲线。

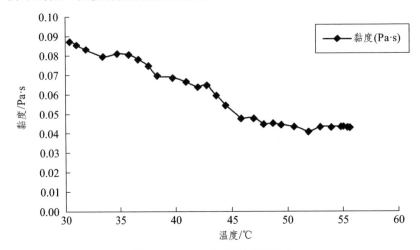

图 7-6　VES 体系的耐温能力

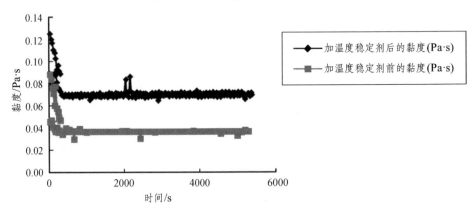

图 7-7　VES 体系的耐温耐剪切曲线

实验中发现，该体系在温度为 50 ~ 55 ℃ 时，黏度下降到 50 mPa·s，并且将泡沫体系在 45 ℃ 下剪切，黏度很快下降至 37 mPa·s。美国的 Stim-Lab 在大规模的压裂模拟器上进行输砂实验，结果认为，黏弹性表面活性剂在剪切速率为 100 s$^{-1}$、溶液黏度为 30 mPa·s 时能够有效地输送支撑剂，这主要是因为 VES 压裂液具有黏弹性。也就是说，目前确定的 VES 体系可以基本满足 45 ℃ 下的施工要求。为了保证施工的万无一失，需要在该体系中加入一种温度稳定剂，使该体系的抗温能力更强，以防因为地层中温度的小范围变化就引起整个压裂作业失败。

温度稳定剂是一种辅助剂，常用的有硫代硫酸钠、亚硫酸氢钠、三乙醇胺和 Tween20 等。在煤层的压裂中，首选无机盐类温度稳定剂。实验发现，硫代硫酸钠的抗温能力较好。45 ℃ 时体系的黏度与硫代硫酸钠的加量的关系见图 7-8。

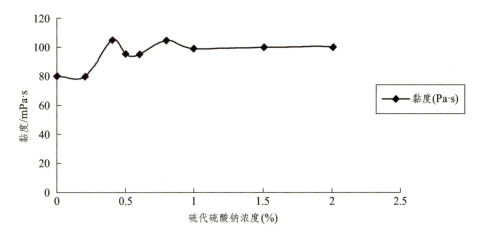

**图 7-8　不同的硫代硫酸钠的浓度对黏度的影响**

由图 7-8 可知，当硫代硫酸钠的量增大到 0.4% 时，黏度在 45 ℃ 时有所增大。但是再增加温度稳定剂的加量，黏度的变化基本上趋于不变。因此确定硫代硫酸钠的量为 0.4%。此时，再对 VES 体系在 45 ℃ 下进行剪切，发现体系的黏度基本上不发生大的变化。图 7-7 所示的加入温度稳定剂后的曲线证明，加入温度稳定剂后，体系耐温的能力提高了。

### 7.2.3　泡沫体系中起泡剂和稳泡剂的确定

#### 7.2.3.1　起泡剂

泡沫体系的起泡剂通常由阴离子表面活性剂来担当。本节中选择了起泡性能比较好的阴离子表面活性剂 SW-12，发泡体积与起泡剂的浓度的关系见图 7-9。因为泡沫是在通入一定速度的气流时产生的，所以泡沫的生成与破灭是一个动态的平衡过程，由图 7-9 可以定性地认为，该起泡剂的起泡性能和稳泡性能很好。当起泡剂的加量为 0.2% 时，泡沫的起泡体积是最大的。

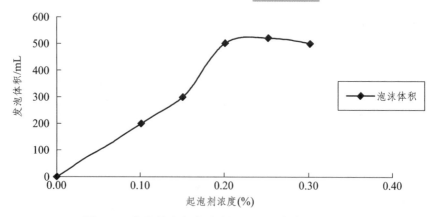

图 7-9　发泡体积与起泡剂 SW-12 的浓度的关系

### 7.2.3.2　稳泡剂

　　稳泡剂之所以可以使泡沫保持更长时间的稳定，有 2 个原因：首先它可能提高了液相黏度，增加了液膜表面的强度来减缓液膜的排液速率，延长了泡沫的重力排液松弛时间及气泡排液松弛时间，提高了泡沫的稳定性；其次，它提高了液体表面单分子层的黏度，主要是通过表面活性剂分子在表面单分子层内的亲水基间相互作用及水化作用而产生的，但是它并不提高液相的黏度。表面黏度增大，增加了液膜的黏弹性，减小了液膜的透气性，从而提高了泡沫的稳定性。在表面活性剂的分子结构上，泡沫稳定性由 2 个因素决定：表面活性剂在气液界面上吸附层的厚度和气泡间液膜的排液速度[63]。

　　稳泡剂按照稳泡的作用方式主要分为 2 种：① 以提高液相黏度来提高泡沫的稳定性，这类稳泡剂一般有 CMC、PAM；② 以提高液膜的表面黏度来提高泡沫的稳定性，这类稳泡剂也称为固泡剂，主要有月桂醇、三乙醇胺、月桂酰二乙醇胺等。

　　近年来国内外的研究表明，阴、阳离子表面活性剂间由于存在电性吸引，电荷作用减弱了吸附层中表面活性离子间的电性斥力，使表面吸附增加，从而使得复配体系具有很低的表面和界面张力[69]。与此同时，由于吸附层中分子排列紧密以及分子间较强的相互作用，还使得黏度增大、表面液膜的机械强度增加，使之受外力作用时不易破裂，气体透过性降低，泡沫寿命延长。

　　但有时阴、阳离子表面活性剂在复配的过程中会出现沉淀现象。阴、阳离子表面活性剂在混合时，电性相反的表面活性剂离子间的静电作用以及亲油碳链间的疏水作用，增加了正、负两种表面离子间的缔合，使溶液内部的表面活性剂分子更易形成胶团，表面吸附层中的表面活性剂分子排列更为紧密，表面能更低，此时的临界胶团浓度比各自离子表面活性剂的临界胶团浓度要低，一旦超过它的临界浓度，就将产生沉淀和（或）絮状物质，从而产生负效应使表面活性剂失去效用。不过，只要阴离子表面活性剂的负表面活性离子和阳离子表面活性剂的正表面活性离子的体积不太大，所形成的溶液就不会发生沉淀。所以，选择好使用量的范围，就可以避免沉淀的发生[70]。

因为本章中的 VES 压裂液中使用了阳离子表面活性剂作为"增稠剂"，考虑到阴、阳离子表面活性剂共同使用时可能会因为用量的范围问题使体系中产生沉淀或者络合物，所以对阴离子表面活性剂与阳离子表面活性剂的用量进行试验。结果表明，阴离子表面活性剂 SW-12 与阳离子表面活性剂 SL-16 在质量比为 2∶15 时混合，对泡沫的稳定性是最好的。因为此时阴、阳离子之间的界面电性的作用，使体系的界面张力、表面张力降低了，所以泡沫才会更稳定。在 45 ℃ 下，泡沫半衰期约为 170 min。在（2∶15）～（2∶5）的质量比范围内，均不产生沉淀。超过这个比例，体系中则产生白色絮状物质，破胶后悬浮在破胶液的上层。因此，建议阴离子表面活性剂的用量不要超过上述范围。

本章最终选择的稳泡剂是 V1-CMC，它与羟乙基纤维素、瓜胶、聚丙烯酰胺等比较，对泡沫的稳定性来说是最有效的。此纤维素的最佳加量为 0.5%。不同的稳泡剂对泡沫半衰期的影响见图 7-10。由图 7-10 可以看出，这种纤维素在稳泡的性能方面显现出非常大的优势。

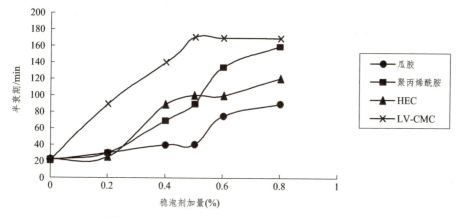

图 7-10　不同的稳泡剂对泡沫半衰期的影响

### 7.2.4　破胶剂

在确定好泡沫的基液后，接下来最需要解决的问题就是破胶。因为它直接关系到对煤层渗透率的伤害程度。

由于清洁压裂液的破胶机理是当它遇到烃类分子或者大量的地层水时，

其蠕虫状的胶束会马上变成线性分子从而致使黏度迅速下降，所以清洁压裂体系可以使用有机烃类来进行破胶。最理想的破胶方式是通过气态烃来破胶。在煤层中，煤层气大部分是吸附在割理和孔隙上的。所以开始时因为游离的气体量较少，对压裂液的黏度不会产生很大的影响。经过压裂处理后，有大量的煤层甲烷气解吸出来。此时在理论上，煤层中存在的大量的天然气是可以破胶的。但经过试验发现，清洁压裂液在通入家用天然气、饱和 12～18 h 后仍未见有黏度降低的迹象。所以，气态的烃是无法破胶的，必须在液体中加入一种破胶剂。有研究表明，蠕虫状的胶束可以通过增溶烃类物质而使胶束变成球状，三维网状的结构也因此不复存在，溶液也就没有了黏度，从而达到破胶的效果[71]；但并不是所有的烃类都具有这种作用。本章对己烷、庚烷、辛烷等都进行了实验，发现均不能达到破胶的作用。十二醇、十八烷在达到它们的熔点后，破胶的效果会好一些。也就是说，能否破坏胶束的结构与烃分子的大小有很大的关系。加入这些烃类的结果是体系的黏度迅速下降至 10 mPa·s 左右，这个过程在 5～10 min 内完成；但接下来黏度会停留在这个水平，不再降低。除此以外，还对大量的破胶剂进行了筛选，结果见表 7-3。

因为清洁压裂液和聚合物压裂液的破胶机理不同，所以，通过控制破胶剂的加量来控制破胶的速度是很难达成的。在表 7-3 中可以看到，大量的盐水可以使体系破胶，所以可以通过压裂工艺来控制破胶。将顶替液与大量含盐的地层水混合后一起泵入到地层中，不但可以将携砂液潜入到裂缝中，还可以在此时进行破胶。

表 7-3　破胶剂的筛选

| 破胶剂 | 最佳加量 | 不同时间后破胶液的黏度/mPa·s | | | |
| --- | --- | --- | --- | --- | --- |
| | | 5 min | 10 min | 20 min | 40 min |
| 煤油 | 2 mL/100 mL | 11.5 | 7 | 6 | 4 |
| 过硫酸铵 | 0.25 g/100 mL | 10 | 7.5 | 5 | 3 |
| 液状石蜡[1] | 0.5 mL | 5 | 2 | — | — |
| 柠檬酸 | 1 g | 20 | 15.5 | 13 | 11.5 |
| OP-10 | 0.5 mL | 16 | 11.5 | 10 | 7 |
| 异辛烷 | 0.5 mL | 22 | 11.5 | 7.5 | 10 |
| 十二醇[2] | 1 mL | 10 | 1.5 | — | — |
| 盐水 | 大量 | 9 | 5 | 4 | 4 |

注：1. 固体石蜡的熔点范围为 57～63 ℃，高于该温度可以破胶，但它融化的速度也比较快，约在 30 min 时破胶（在本章试验中低温的地层不能破胶）。

　　2. 十二醇的熔点是 19～25 ℃，所以当温度低于 19 ℃时，它会在破胶液中重新凝固。

## 7.3  本章小结

本章主要讨论了清洁泡沫体系的结构特点，并介绍了泡沫体系配方中各物质加量的筛选过程。

在 VES 黏弹体系中，体系的黏度与阳离子表面活性剂 SL-16 的加量之间并不是正比的关系。但是随着盐浓度的不断增加，它们会先后出现一个黏度的最大值。这是因为反离子助剂的作用就是降低表面活性剂水溶液的临界胶团浓度，使之可以达到胶束缠结。不过，反离子助剂的加量也不宜太大，否则不利于胶束的形成，这和黏弹性表面活性剂本身的临界胶团浓度有关。另外，盐的量加入太大也不利于泡沫的稳定，因为加入盐后，由于反离子的存在，会中和表面活性剂所带的负电荷，随着泡沫吸附电荷浓度的不断减少，所产生的斥力也逐渐减弱，泡沫溶液的半衰期就会降低。所以综合考虑后实验得出体系配方的各物质加量。

黏土稳定剂是一种非常重要的添加剂，既需要它来防止黏土颗粒的运移和膨胀，又不想因为它的存在影响粘弹体系的黏度，所以需要选择一个最适合的用量，让前后两者的效果都达到最优。

因为该清洁压裂液的抗温能力较差，所以选择加入温度稳定剂来增强流体的耐温能力，以满足地层中对压裂液的黏度、温度和时间稳定性的要求。温度稳定剂硫代硫酸钠的最佳加量为 0.4%。

所选起泡剂 SW-12 的起泡能力和稳泡能力用气流法进行定性评价，认为 SW-12 的泡沫性能很好。

稳泡剂的选择需要考虑到阴、阳离子复配的量的范围，需要考虑与其他添加剂的配伍性，并考虑它对泡沫稳定性的贡献程度，同时应尽量做到对储层最低的伤害。综上，得出稳泡剂 V1-CMC 的最佳加量为 0.5%。因为阴、阳离子之间的界面电性的作用，使体系的界面张力、表面张力降低，会加强泡沫的稳定性，但是也存在一个用量范围的问题。超过这个范围，可能会导致沉淀的发生。SW-12 与 SL-16 在质量比为 2∶15 混合时，对泡沫的稳定性是最好的。在（2∶15）~（2∶5）的质量比范围内，均不产生沉淀，超过这个比例，体系中则产生白色絮状物质。

# 第 8 章　伴注 $CO_2$ 泡沫流体的性能研究

泡沫流体的性能受到很多因素的影响，主要包括：内相气体的性质及黏度、外相液体的性质和黏度、泡沫质量、剪切速率、温度、压力、泡沫结构（尺寸大小及其分布）、表面活性剂类型及浓度、泡沫界面薄膜性质、界面电性等。由于因素众多，本章主要研究泡沫质量、剪切速率、温度、表面活性剂的加量等几种因素对 $CO_2$ 泡沫压裂液性能的影响[72, 73]。

## 8.1　泡沫质量

压裂施工的时候，泡沫质量的大小与压裂能否成功具有很大的关系。一般在压裂施工时，要求泡沫质量最好在 60% ~ 75%，泡沫质量太小，体系的黏度就低一些，携砂能力可能不能满足施工的需要；泡沫质量太大，泡沫就会转变成雾流，黏度等同于气体的黏度，根据目前其他研究者的研究结论及施工经验，本章最终选取了较稳定的一系列泡沫质量 50%、60%、65%、70%、75% 进行实验，结果表明，泡沫质量在 70% 的时候最稳定，泡沫质量为 75% 的时候次之，实验结果见图 8-1。

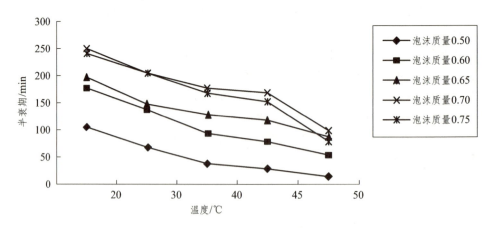

图 8-1　泡沫的半衰期与温度、泡沫质量之间的关系曲线

泡沫质量是衡量泡沫的一个重要因素。由于气体是温度和压力的函数，

所以对泡沫质量需要说明温度和压力。一个特定温度和压力下的泡沫质量为：

$$\Gamma = \frac{V_g}{V_L + V_g} = \frac{Q_g}{Q_L + Q_g} \qquad (8\text{-}1)$$

式中　$\Gamma$——泡沫质量；

　　　$V_g$——某一温度压力下 CO$_2$ 的体积，m$^3$；

　　　$V_L$——某一温度压力下基液的体积，m$^3$；

　　　$Q_g$——某一温度压力下 CO$_2$ 的体积流量，m$^3$/min；

　　　$Q_L$——某一温度压力下基液的体积流量，m$^3$/mm。

忽略掉泡沫液中液体的压缩性，CO$_2$ 遵从真实气体定律：

$$V_g = \frac{ZnRT}{P} \qquad (8\text{-}2)$$

式中　$Z$——气体压缩系数；

　　　$n$——摩尔数，mol；

　　　$R$——气体常数；

　　　$T$——气体温度，K；

　　　$P$——气体压力，MPa。

当气体状态发生变化时，由气体定律可得：

$$\frac{V_{g1}}{V_{g2}} = \frac{Z_1 T_1}{P_1} \bigg/ \frac{Z_2 T_2}{P_2} \qquad (8\text{-}3)$$

也可以由式（8-1）得出：

$$V_g = \frac{V_L \Gamma}{1 - \Gamma} \qquad (8\text{-}4)$$

那么，假设在泡沫液中的气体的状态发生变化、液相保持不变的前提下，在施工的过程中，通常地层闭合时的温度都会略高于临界温度，CO$_2$ 会全部汽化。所以，取压力为地层闭合压力，温度为临界温度，这样计算出的泡沫质量会更接近理论值，此时 CO$_2$ 的体积可由下式求出：

$$\frac{P_0(V_g - S_w V_L)}{T_0} = \frac{ZP_1 V_1}{T_1} \qquad (8\text{-}5)$$

式中　$P_0, T_0$——标准状态下的压力和温度；

　　　$V_g$——由地面液态 CO$_2$ 转换成的标准状态下的 CO$_2$ 的体积；

$S_w$——地下条件下的 $CO_2$ 在水中的溶解度，由相关图表查出[74]（见附表 1 ）；

$V_L$——基液的体积用量；

$Z$——地下条件下 $CO_2$ 的压缩因子，由相关图表查出[74]（见附表 2 ）；

$P_1, T_1, V_1$——地下条件下 $CO_2$ 的压力、温度及体积。

当 $V_1$ 确定后，即可计算泡沫质量。而在实际的压裂施工过程中，$CO_2$ 大多是处于气、液两相的状态，直接计算得出的泡沫质量将产生较大的误差。

## 8.2 温 度

泡沫是一种热力学不稳定体系，随着温度的变化，泡沫的稳定性受到的影响很大。从实验结果中可以看到，当温度低于 20℃ 的时候，因为起泡剂和稳泡剂的溶解性能相对差一些，使起泡性能受到一定的影响。通入 $CO_2$ 后，泡沫很快破裂。水浴 20 ℃ 起泡后，泡沫此时是最稳定的。随着温度的逐渐升高，泡沫越来越不稳定；到 45 ℃ 时，泡沫质量下降，半衰期也缩短；当温度继续升高到 50 ℃ 及以上时，泡沫稳定性明显下降。泡沫的稳定性随着温度的升高而变差这一现象主要是因为泡沫的合并和排液速度变快，导致泡沫加速破裂[58, 75]。由图 8-2 可以看出，45 ℃ 时泡沫质量为 0.7 和 0.75 时稳定性较好。

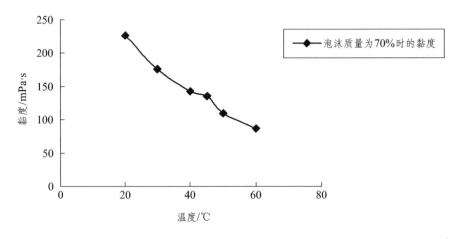

**图 8-2 剪切速率不变时黏度与温度的变化关系**

图 8-2 反映了剪切速率不变时，泡沫的黏度随温度的变化关系。由图 8-2

可以看出，在剪切速率为 170 s$^{-1}$ 不变时，随着温度的升高，泡沫的黏度降低，说明 $CO_2$ 泡沫体系是一种温度变稀流体，对此结果可以用 Arrhenius 关系式 [72] 解释，黏度与温度满足以下关系式：

$$\mu = A_{\text{v}} \exp\left(\frac{E_{\text{f}}}{R_{\text{g}}T}\right) \tag{8-6}$$

式中　$\mu$——液体的黏度；

　　　$E_{\text{f}}$——流体活化能；

　　　$A_{\text{v}}$——常数；

　　　$R_{\text{g}}$——气体常数；

　　　$T$——流体的绝对温度。

在一定的温度范围内，液体的黏度服从上述关系式。在相同的剪切速率和压力下，$CO_2$ 泡沫压裂液的流体活化能随温度的增加而增加。随着温度的不断升高，VES 清洁压裂液的蠕虫状胶束可能有部分从缠结状态变成线性分子，于是由 $CO_2$ 和 VES 形成的 $CO_2$ 泡沫压裂液的流体活化能也将减小。由式（8-6）分析可以知道，当 $CO_2$ 泡沫压裂液的温度增加时，温度的倒数是减小的，而流体的活化能 $E_{\text{f}}$ 也是减小的，也就是说，$E_{\text{f}}/T$ 是减小的，从而会导致 $CO_2$ 泡沫压裂液的黏度减小。由此可以看出，$CO_2$ 泡沫压裂液的流变性能在很大程度上取决于基液的性质，在本实验中也就是 VES 清洁压裂液的性质。

## 8.3　起泡剂和稳泡剂的浓度

泡沫中的起泡剂主要由阴离子表面活性剂来担当，SW-12 具有很好的起泡性能，在确定泡沫体系时已经讨论过。稳泡功能是由 V1-CMC 来实现的。随着起泡剂即 SW-12 浓度的提高，起泡能力会越来越好。但是，当起泡剂浓度达到 0.3% 或更大时，起泡能力又会有些下降（发泡体积与起泡剂浓度之间的关系在图 7-9 中体现出来），并且所起泡沫半径分布较宽，液膜较薄，因此排液快，极易破裂。随着稳泡剂加量的增大，发泡能力也会先增加、后下降。稳泡剂的浓度在大于 0.8% 时，基本上已经不能形成泡沫。45 ℃ 下，起泡剂和稳泡剂的加量与半衰期的变化关系见图 8-3。

在 VES 体系中，SL-16 的浓度保持不变时，随着起泡剂与稳泡剂加量的增加，基液的黏度会增大。起泡剂和稳泡剂的加量与黏度的关系见图 8-4、图 8-5。

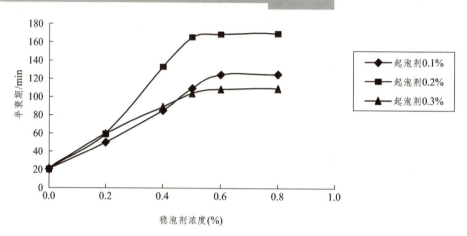

图 8-3　起泡剂、稳泡剂的加量与泡沫稳定性之间的关系曲线

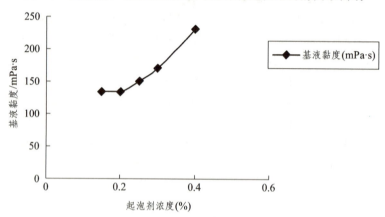

图 8-4　起泡剂的加量与基液黏度的关系（在 45 ℃下）

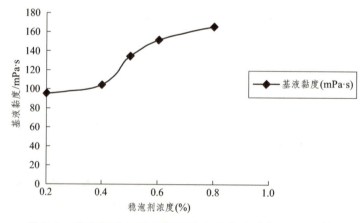

图 8-5　稳泡剂的加量与基液黏度的关系（在 45 ℃下）

泡沫的液膜是两层表面活性剂中夹一层溶液构成的，当泡沫的液膜因为受到气体扩散、重力作用等的冲击时，液膜就会局部变薄，局部表面张力增大，表面吸附的分子就会拖带表面下的溶液向液膜变薄处移动，这时表面张力又会下降到原来的水平，变薄的液膜也被修复到原来的厚度，这种现象叫表面弹性，也称为 Gibbs 弹性。表面分子的扩散需要一定的时间，这就是 Marangni 效应。但是，当流体的黏度过大时，溶剂中的分子无法在表面上迁移，液膜无法修复，这样液膜的机械强度低，反而对起泡能力和泡沫的稳定性来说是不利的。实验发现，当基液黏度达到 170 mPa·s 时，基液基本上不能形成泡沫。

## 8.4　剪切速率

液体和固体不同，它具有流动性，只要是很小的力都可以使液体发生变形。液体在流动的过程中，因为黏滞性的存在，流体的流动速度相对圆流道半径的变化速率存在速度差，也就是剪切速率。液体的流变特性可以用流变曲线表示，见图 8-6。

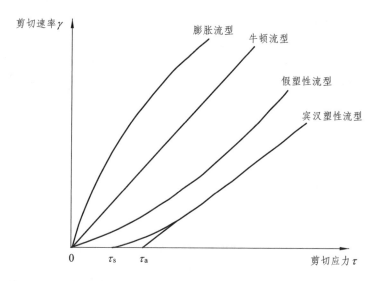

**图 8-6　常见液体的 4 种基本流型的剪切应力-剪切速率关系曲线**

泡沫是一种与剪切过程有关的流体，在低剪切速率下，具有很高的表观黏度，其黏度随着剪切速率的增加而降低，见图 8-7。

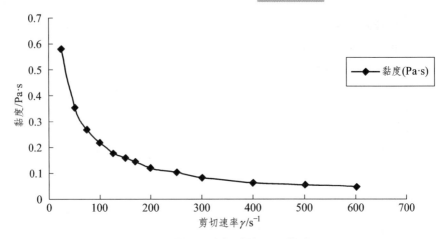

图 8-7　剪切速率与黏度之间的关系

　　随着剪切速率的增大，泡沫变得越来越细。图 8-8 所示为剪切速率与剪切应力的关系图。与图 8-6 对比可以看出，在温度、压力和泡沫质量一定的前提下，低剪切速率下泡沫是一种假塑型流体，它具有剪切稀化的特性。随着剪切速率的增大，流体的表观黏度降低。从图 8-8 中可以看出，在剪切速率较低时，剪切速率对黏度的变化影响比较大。剪切速率越大，黏度的变化趋势趋于平缓。这可能是因为在高的剪切速率下，泡沫之间来不及接触达到互相干扰的作用，所以黏度的变化才趋于平缓。这与 Wendorft 等人的研究结果相吻合，他们认为，当剪切速率在 $90 \sim 420 \ s^{-1}$ 时，泡沫遵循 OstwalddeWaele 的幂律假塑性模型，在低的剪切速率下，泡沫具有幂律假塑性流体的性质。

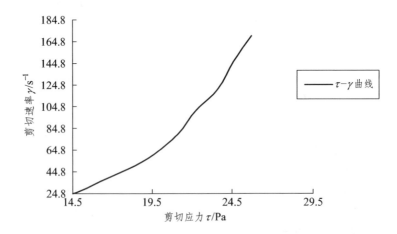

图 8-8　剪切应力与剪切速率的关系（在 45 ℃下，泡沫质量为 70%）

## 8.5  矿化度

地层水中一般含有的阳离子最多的钠离子和钙离子，所以该体系是否具有较好的抗盐性也是非常重要的。按最佳条件配制好基液，加入不同质量分数的一价盐 NaCl 和二价盐 $CaCl_2$，通气使基液起泡，测定体系的起泡能力和泡沫的半衰期。

### 8.5.1  抗 NaCl 性能

基液的发泡体积与 NaCl 的质量分数的关系见图 8-9。泡沫的半衰期与 NaCl 的质量分数的关系见图 8-10。

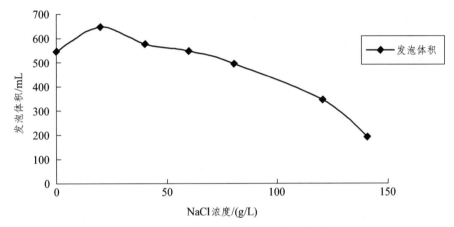

图 8-9  发泡体积与 NaCl 的质量分数的关系

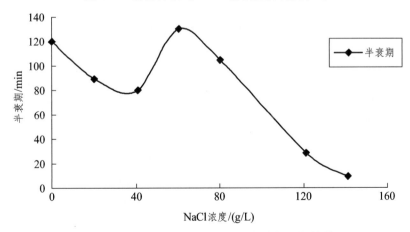

图 8-10  泡沫的半衰期与 NaCl 的质量分数的关系

从图 8-9 和图 8-10 可以看出，该泡沫基液抗 NaCl 可达 80 g/L，同时，随着 NaCl 浓度的不断增加，起泡后泡沫的半衰期出现了最小值和最大值。这与表面活性剂的种类及 NaCl 的浓度有关[77, 78]，因为表面活性剂在泡沫表面吸附形成液膜双电层，当膜的厚度变得接近于扩散双电层的厚度时，会阻止膜的变薄，有利于泡沫的稳定。由于反离子的加入，会中和表面活性剂所带的负电荷，随着泡沫两侧吸附电荷浓度的不断减少，所产生的斥力也逐渐减弱，泡沫溶液的半衰期会有个最小值。随着反离子的浓度不断增大，泡沫两侧吸附 $Na^+$ 使其浓度不断增加，当浓度达到极限值时，斥力也达到最大值，此时半衰期最长。但是，当 $Na^+$ 浓度继续增加时，就会压缩双电层，使斥力减弱，泡沫的半衰期就又会缩短。

### 8.5.2 抗 $CaCl_2$ 性能

基液的发泡体积与 $CaCl_2$ 的质量分数的关系见图 8-11。泡沫的半衰期与 $CaCl_2$ 的质量分数的关系见图 8-12。

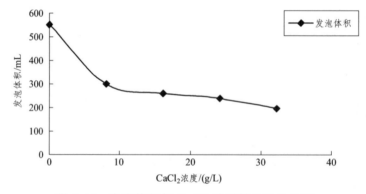

图 8-11 发泡体积与 $CaCl_2$ 的质量分数的关系

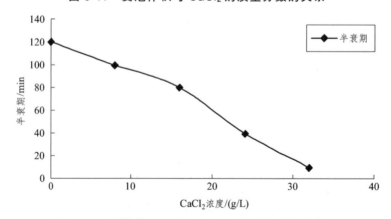

图 8-12 泡沫的半衰期与 $CaCl_2$ 的质量分数的关系

从图 8-11 和图 8-12 可以看出，随着 $CaCl_2$ 的加入，泡沫的半衰期呈迅速下降趋势，起泡能力也相对下降。当 $CaCl_2$ 浓度超过 30 g/L 时，体系已经不能形成均匀稳定的泡沫。

由实验结果可以看出，二价阳离子比一价阳离子对泡沫稳定性的影响要大很多。主要是因为液膜双电层的斥力会因溶液中电解质浓度的增加而减弱，多价离子影响特别显著，膜变薄的速度加快，泡沫易破裂。

## 8.6　本章小结

本章对影响伴注 $CO_2$ 泡沫体系的稳定性的几种主要因素进行了分析，得到以下结论和认识：

（1）对泡沫质量分别为 0.5、0.6、0.7 和 0.75 的 $CO_2$ 混相 VES 泡沫压裂液来说，地层温度下，泡沫质量为 0.7 的稳定性最好，泡沫质量为 0.75 的次之。

（2）剪切速度不变的情况下，随着温度升高，泡沫压裂液的有效黏度降低，说明 $CO_2$ 泡沫压裂液是一种温度变稀流体。

（3）在温度、压力和泡沫质量相同的前提下，随着剪切速率的增大，流体的黏度减小，说明注气清洁泡沫压裂液是一种剪切变稀流体。在剪切速率比较大时，黏度的变化曲线较平缓。这是由于在大剪切速率区域，压裂液中形成的泡沫可能来不及相互接触和影响的缘故。在泡沫质量为 0.7 时，泡沫可以描述为幂律假塑性流体。

（4）泡沫体系中的起泡剂和稳泡剂的加量并不是越多越好，它们的量越大，流体的黏度会越大。泡沫的液膜受到气体扩散、重力作用等的冲击时，由于 Marangni 效应的存在，表面吸附的分子就会向液膜变薄处移动，这时表面张力又会下降到原来的水平，变薄的液膜也被修复。但是，当流体的黏度过大时，溶剂中的分子无法在表面上迁移，液膜无法修复，这样液膜的机械强度降低，反而对起泡能力和泡沫的稳定性来说是不利的。

（5）该泡沫体系抗二价盐的能力较差，一价盐对泡沫的稳定性影响相对较小。

# 第9章 伴注 $CO_2$ 清洁压裂体系的性能评价

## 9.1 实验仪器及方法

评价实验的主要仪器有：Stemi SV11 型超长焦距连续变焦视频显微镜，CVRO200 型高温高压流变仪，中低温滤失仪，岩心流动装置等。

首先按照最佳条件配制好基液，起泡，使用 Stemi SV11 型超长焦距连续变焦视频显微镜观察泡沫的微观形态。由于目前对于泡沫流体的评价还没有统一的标准，而且实验证明泡沫流体的性能主要取决于基液的性能，所以本实验中，混相泡沫体系性能大多是根据水基压裂液的标准 SY/T5107—2005 进行评价的。因为 CVRO200 型高温高压流变仪对所测式样要求不含气泡，所以只能对泡沫基液的黏弹性和流变性进行评价，为评价泡沫的流变性提供一个参考。对泡沫用六速黏度计测试其黏度，根据公式求出流动行为指数和稠度系数，与基液的流变参数进行比较并分析。其他的性能评价均按照水基压裂液的标准进行。

## 9.2 泡沫体系配方

最终配方确定为：1.5%SL-16+0.5% 盐水+1.0% 黏土稳定剂+0.4% 温度稳定剂+ 0.2%SW-12 + 0.5%V1-CMC。在配置过程中，温度最好在室温或以上，因为这样能保证表面活性剂和稳泡剂的溶解能力不受影响。

## 9.3 泡沫的微观结构

如图 9-1 所示，经过肉眼观察，泡沫分布均匀且聚集在液面上。泡沫的微观结构通过 Stemi SV11 型超长焦距连续变焦视频显微镜进行观察。泡沫的显微图片见图 9-2，由该图可以看出，泡沫分布均匀，大多为六面体或圆形。在较大的气泡之间充填着一些小的气泡。很多研究者把泡沫质量分为几个区段，认为在泡沫质量小于 0.5 时，泡沫呈球形；在泡沫质量为 0.5 ~ 0.75 时，泡沫相互接触、相互干扰，泡沫多数为六面体，使得体系的黏度增大。

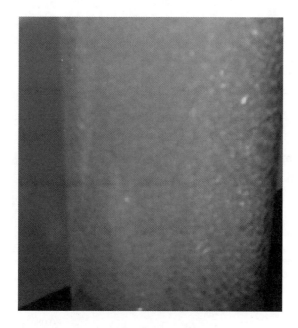

**图 9-1 泡沫的形态**

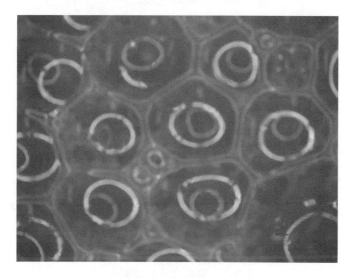

**图 9-2 泡沫的显微图片**

从图 9-2 中可以看出，由于较大的泡沫之间还充填着一些小气泡，使大气泡之间并不能完全地相互干扰。泡沫由液膜包裹着的气体组成，由图中比例尺计算可知，液膜厚度平均为 2.8 mm，气泡大小约为 2～9 mm。

## 9.4 泡沫体系的性能评价

### 9.4.1 剪切稳定性

在地层温度下，以 170 s$^{-1}$ 的剪切速率对配方压裂液进行剪切，此时黏度为 126 mPa·s。其黏度随时间变化的曲线见图 9-3。温度以 3 ℃/min 的速度升高，到达 45 ℃ 时保持不变。从图中可以看出，经过 90 min 的剪切后，体系的黏度为 60 mPa·s，黏度的保留率为 56%。因为清洁压裂液与聚合物压裂液的携砂机理不同，清洁压裂液的表观黏度在 30 mPa·s 时都可以有效地携砂，所以剪切后体系的黏度虽然降低了很多，但是在储层温度下，仍然可以很好地携砂。

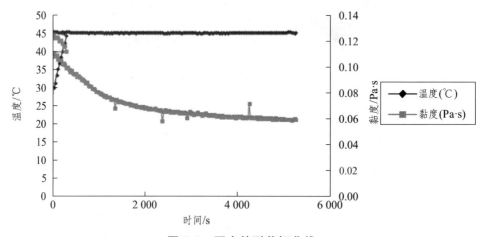

图 9-3　配方的耐剪切曲线

### 9.4.2 滤失性能

使用中低温滤失仪进行滤失实验。配方的泡沫质量为 70%、试验压差为 3.5 MPa、温度为 45 ℃ 时测定了压裂液的滤失性能。此实验是测定不含支撑剂的压裂液在一定的温度和压力下通过滤纸的滤失性。测试结果见表 9-1，滤失曲线见图 9-4。

表 9-1　静态滤失性能测试

| 测试温度 /℃ | 实验时间 /min | 滤失曲线斜率 /(mL/min$^{1/2}$) | 滤失面积 /cm$^2$ | 截距 /cm$^3$ | 初滤失量 /(m$^3$/m$^2$) | 滤失速度 /(×10$^{-4}$ m/min) | 滤失系数 /(×10$^{-4}$ m/min$^{1/2}$) |
|---|---|---|---|---|---|---|---|
| 45 | 36 | 1.7132 | 22.68 | 9.1485 | 0.4034 | 0.6295 | 3.7769 |

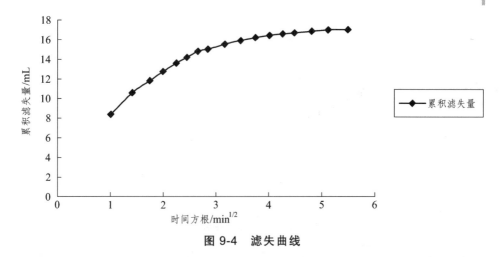

**图 9-4　滤失曲线**

由图 9-4 可以看出，该体系的累积滤失量与时间的方根变化并不与聚合物压裂液的滤失曲线相同，它不是一条直线。到 9 min 后，滤失量越来越少。对该曲线进行线性拟合，可以得出：在地层温度下，该泡沫流体的造壁滤失系数 $C_3$ 为 $3.7769 \times 10^{-4}$ m/min$^{1/2}$。泡沫是气、液两相共存的体系，本身含液量少，它是通过泡沫的高黏度来降滤失，并不是靠形成滤饼来降滤失的。由于 VES 压裂液不产生滤饼，所以初滤失量较大。$CO_2$ 泡沫还能在储层的表面形成一层阻挡层，阻止液体向裂缝中大量滤失，也就是所谓的气阻效应。

### 9.4.3　流变参数

目前，大多数研究者采用毛细管黏度计、旋转黏度计、振动式黏度计或中等规模的模拟实验手段来研究泡沫流体的流变性能，因为使用的仪器不同，所以评价的角度也不同，至今已有很多种流变模型来描述泡沫流体的流变性，但是到底哪一种更贴切，还没有一个共识[79, 80]。并且泡沫具有可压缩性，它的流变性能受到很多可变因素的影响。

由于本文使用的 CVRO200 型高温高压流变仪要求所测式样不能含有气泡，实验也证明了泡沫的性能主要取决于基液的性能，所以基液的流变性能对于泡沫液来说具有一定的指导意义。本文首先利用该高温高压流变仪，依据水基压裂液评价标准 SY/T5107—2005 对泡沫基液进行变剪切试验，之后再利用六速旋转粘度仪对泡沫进行剪切，由公式计算得出流动行为指数和稠度系数，将两者进行比较。

该变剪切实验一共进行了 4 次，图 9-5 所示是其中一次实验得到的一条曲线。由图可以看出，随着剪切速率的增大，黏度逐渐下降，在剪切速率减

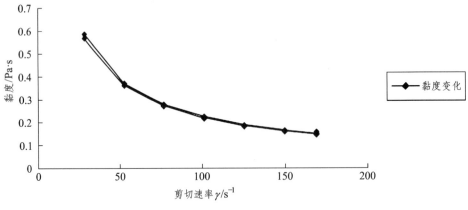

图 9-5　流变曲线

小的过程中，黏度的回复过程基本上与之前减小的过程吻合。这充分说明，体系的黏弹性网状结构在高剪切后不再缠结，但是一旦剪切停止或剪切速率减小，它的胶束又重新相互缠结，这是一个可逆的过程。

由 CVRO200 型高温高压流变仪得出剪切应力与剪切速率的变化关系，最终得出 $\tau$-$D$ 双对数曲线，该曲线的截距为稠度系数，斜率为流动行为指数。由图 9-6 可以得出，稠度系数 $K' = 0.737\,9$，流动行为指数 $n' = 0.301\,9$。

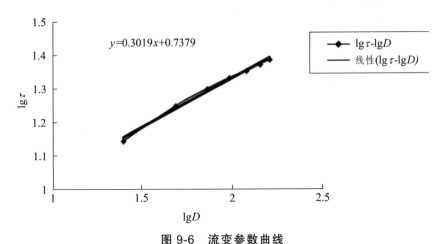

图 9-6　流变参数曲线

本实验得出的泡沫基液的流变参数，可以对泡沫的流变性能提供一个参考。

将泡沫质量为 70% 的压裂液用六速粘度仪测其不同剪切速率下的黏度，常用的六种转速的转化系数见表 9-2，不同试样、不同浓度、不同转速下有

**表 9-2　将旋转黏度计刻度盘读数换算成表观黏度转换系数**

| 转速 /(r·min$^{-1}$) | 600 | 300 | 200 | 100 | 6 | 3 |
|---|---|---|---|---|---|---|
| 转换系数 | 0.5 | 1.0 | 1.5 | 3.0 | 50 | 100 |

不同的值，由下面公式计算幂律流体的 $n$、$K$ 值：

$$n = 3.322 \lg\left(\frac{\theta_{200}}{\theta_{100}}\right) \tag{9-1}$$

$$K = \frac{0.511\theta_{100}}{170^n} \tag{9-2}$$

$$n = 3.322 \lg\left(\frac{\theta_6}{\theta_3}\right) \tag{9-3}$$

$$K = \frac{0.511\theta_3}{5.11^n} \tag{9-4}$$

式中　$n$——流动指数，无因次量；

　　　$K$——稠度系数，Pa·s$^n$。

因为转速为 100 和 200 下的黏度比较稳定，为了准确比较，该压裂液用 $\theta_{200}$、$\theta_{100}$ 求 $n$ 和 $K$ 值。当 $\theta_{200} = 51$，$\theta_{100} = 42$ 时，由公式（9-1）和公式（9-2）可得：

$$n = 0.280\ 1$$

$$K = \frac{0.511\theta_{100}}{170^n} = 5.092(\text{Pa} \cdot \text{s}^n)$$

比较基液和泡沫液的流变行为指数和稠度系数可以看出，流变行为指数相近，而稠度系数相差很大。随着泡沫质量的增大，CO$_2$ 泡沫压裂液的流变指数减小，而稠度系数显著地增加。稠度系数表征了黏度的大小，流变指数表示泡沫液偏离牛顿流体的程度[81]。

由实验结果可以看出：稠度系数取决于流体的性质，随着泡沫质量的增大，其黏度增大，稠度系数也随之增大，而流变行为指数减小，所以泡沫流体的非牛顿性也越明显。但是与稠度系数的变化相比，流变行为指数的变化趋势较小，即泡沫质量的变化对稠度系数的影响较大，对流变行为指数的影响要小一些。

## 9.4.4　残　渣

通过实验，在 45 ℃ 下，泡沫体系完全破胶后，经剪切，上层为非常细小的泡沫，下层破胶液呈水状，黏度低于 5 mPa·s，表面张力平均为 29.7 mN/m。较低的表面张力可以起到助排的效果。

残渣的实验步骤是：将 $CO_2$ 泡沫压裂液破胶液以 3 000 r/min 的转速离心 30 min，倒出上层清液，水洗后再离心 20 min，再倒出上层清液后，将残留物在恒温电热干燥箱中烘干至恒重，测得 $CO_2$ 泡沫压裂液残渣含量平均为 237 mg/L。未加稳泡剂 V1-CMC 测残渣含量很小，为 35～70 mg/L；加入纤维素后，残渣的含量约高出了 6 倍，但与聚合物压裂液的残渣含量相比低很多，这对于煤层的伤害有一定程度的缓解。

### 9.4.5　黏弹性

本实验同样由 CVRO200 型高温高压流变仪测得。对该体系的控制应力以及频率进行了扫描。图 9-7 所示为频率扫描实验中，剪切应力保持不变的情况下，$G'$、$G''$ 的变化情况。图 9-8 所示为 $\tan\sigma$ 随着时间的变化情况。

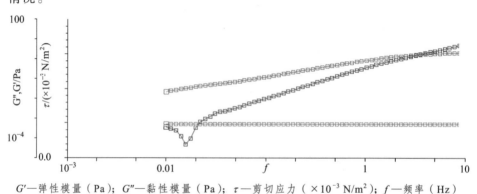

$G'$—弹性模量（Pa）；$G''$—黏性模量（Pa）；$\tau$—剪切应力（$\times 10^{-3}$ N/m²）；$f$—频率（Hz）

**图 9-7　$G'$、$G''$ 随着频率变化的曲线**

在地层温度下且剪切应力不变的情况下，由图 9-7 可以看出，流体储能模量 $G'$（弹性）先减小再增大，耗能模量 $G''$（黏性）一直在增大，此时 $G'$ 一直小于 $G''$。随着频率的增大，流体储能模量 $G'$（弹性）和耗能模量 $G''$（黏性）都在逐渐增加，当频率将要达到 10 Hz 时，体系中弹性开始慢慢占主要地位。$G'/G''$ 经历了一个小于 1 逐渐到大于 1 的过程。弹性凝胶体和牛顿流体其实是粘弹行为的两个极限情况，弹性凝胶体的弹性组分处于支配地位，因此，$G'$ 远远大于 $G''$ 并且 $G'$ 的变化已经与频率无关。该体系的储能模量和耗能模量均随着频率的变化而变化，这是体系中黏性和弹性共存的体现，并且弹性最终占主要地位。

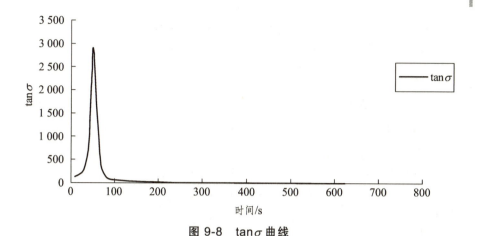

图 9-8　tan$\sigma$ 曲线

由图 9-8 也可以看出，相位角的正切值先迅速增大，此时角度无限接近 90°，黏性处于支配地位。但是在 500 s 时 tan$\sigma$ 下降到接近 1，之后弹性便处于支配地位，这时黏弹性体系即使黏度很低，也可以很好地悬砂，因为它可以由三维网状结构的弹性来实现良好的悬砂性能。对整个泡沫体系来说，体系的黏度主要是由 VES 压裂液提供的，所以泡沫基液在剪切的过程中，弹性的存在并占主要地位对整个体系能更好地携砂具有重要意义。

## 9.4.6　支撑剂悬浮能力

一般认为[82]，在压裂液静态悬砂实验中，砂子的自然沉降速度为 0.08~0.18 mm/s（0.48~1.08 cm/min）时压裂液悬砂性能较好。伴注 $CO_2$ 后的清洁压裂液主要靠 VES 胶束的弹性来实现携砂的功能，所以尽管在它的表观黏度很低的情况下，仍然能很好地悬浮支撑剂。砂粒若想沉降下去，必须给泡沫液膜内的气体一个力，将气体排开，因为泡沫液膜的弹性和压裂液本身的黏度，砂粒的重量还不足以排开气体。

本实验采用的是 0.5% 的 20~40 目的陶粒，直接加入到泡沫压裂液的上层，将之装入 100 mL 的具塞量筒里，经过一段时间后观察陶粒的沉降高度。沉降高度越小的，压裂液悬砂性越强。45 ℃ 下，陶粒的沉降距离随时间的变化见表 9-3。

表 9-3　静态悬砂性能

| 时间/h | 沉降距离/cm |
| --- | --- |
| 1 | 45.8 |
| 2 | 92.26 |
| 3 | 138.42 |

在常温时，砂粒在 7～8 h 内基本不沉降。在地层温度下，单个砂粒的静态沉降速率平均为 0.128 mm/s，因此，该配方压裂液具有很好的支撑剂悬浮能力。

### 9.4.7 岩心的损害实验

本实验根据评价标准 SY/T5107—2005 中的"水基压裂液性能评价方法"进行。伤害实验所用岩心来自辽河阜新煤层组（主要在太平层位），该煤层煤种为长焰煤和气煤，煤层平均灰分为 15%～20%。煤层结构为复合煤层，发育很好。损害前岩心的渗透率为 $K_1$，损害后为 $K_2$，基质的渗透率损害率按下式计算：

$$\eta_d = \frac{K_1 - K_2}{K_1} \times 100\% \tag{9-5}$$

伤害结果见表 9-4。

表 9-4　煤心的伤害率

| 样本 | 长度 /mm | 直径 /mm | 岩心渗透率/($\times 10^{-3}$ μm²) | | 伤害率（%） |
| --- | --- | --- | --- | --- | --- |
| | | | $K_1$ | $K_2$ | |
| 五龙矿 | 51.2 | 25 | 0.049 3 | 0.044 5 | 9.84 |
| 兴阜矿 | 51.8 | 25 | 0.038 5 | 0.034 2 | 11.25 |

岩心的伤害率平均为 10.5%，岩心渗透率恢复率平均达到 89.16%，与聚合物压裂液的伤害相比，伤害大大减小。有研究者[83]对美国圣胡安盆地水果地组的煤心用羟丙基瓜胶的水溶液进行了渗透率的伤害实验，发现聚合物压裂液伤害后，最理想的煤心的渗透率降低了 50%，这说明这个泡沫体系对降低煤层的渗透率伤害起到了很大的作用。泡沫能够降低伤害主要是由于伴注 $CO_2$ 形成的清洁泡沫体系中减少了压裂液水相的相对含量和进入岩心的水量，破胶后也促进了返排，因此减少了煤层伤害的程度。

### 9.4.8 与地下水的配伍性实验

本实验所用地下水同样来自辽河阜新煤层，共 7 份水样见图 9-9。自左至右依次为 W3 井（太平）、L13 井（太平下层）、W8 井（太平）、H1 井（太平）、H2 井（太平）、W4 井（太平）、L13 井（太平天然焦）。由水样的图片看，每份水样都含有或多或少的泥土，使水样有些呈黄色。中间 3 份水样尤为明显，颜色略深。

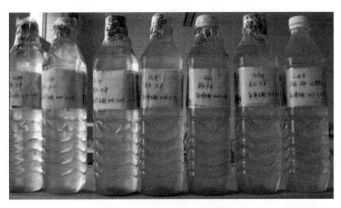

图 9-9　地层水水样

将破胶液与该地层水样分别按照 1:2、1:1、2:1 的体积比混合，混合后的情况见表 9-5。混合液中均未见大量沉淀或者络合物出现，只有太平下层 L13 井和 L13 天然焦井的 2 个水样在破胶液的量非常大的时候稍见浑浊。实验证明伴注 $CO_2$ 泡沫体系与地层水配伍性总体上是非常好的。

表 9-5　泡沫体系与水样配伍性情况

| 井号 ＼ 比例 | 1:2 | 1:1 | 2:1 |
|---|---|---|---|
| W3 | 无浑浊 | 无浑浊 | 无浑浊 |
| L13 | 无浑浊 | 无混浊 | 稍见浑浊 |
| W8 | 无浑浊 | 无浑浊 | 无浑浊 |
| H1 | 无浑浊 | 无浑浊 | 无浑浊 |
| H2 | 无浑浊 | 无浑浊 | 无浑浊 |
| W4 | 无浑浊 | 无浑浊 | 无浑浊 |
| L13（天然焦） | 无混浊 | 无混浊 | 稍见混浊 |

## 9.5　本章小结

在确定了伴注 $CO_2$ 清洁泡沫体系组成的基础上，对该体系的微观结构、滤失性能、悬砂性能、流变性能、黏弹性能、破胶性能、与地层水的配伍性以及岩心的伤害率等性能进行了评价。

结果表明，该泡沫压裂液体系耐剪切、悬砂性能好、滤失低、破胶彻底、破胶液的黏度低，与地层水配伍性好。因此，它在煤层的压裂改造中具有明显的技术优势。

# 第 10 章　结　论

　　本书主要的研究工作是通过对辽河阜新和五龙煤矿的自然地质和煤岩储层物性的研究，并且运用自制的煤层甲烷吸附解吸实验装置，得出甲烷的相关吸附解吸规律，从而提出一种适合提高煤层气采收率的压裂液增产措施。通过一系列的研究得出以下结论：

　　（1）通过红外光谱分析得知煤岩中含有碱性基团胺，所以煤岩更能吸附酸性物质，对利用伴注 $CO_2$ 提高煤层气采收率提供了一个重要的理论依据。

　　（2）煤岩中含有大量的蒙脱石和伊利石是导致煤层极易膨胀和运移的原因；压汞实验确定了煤样孔隙属于细瓶颈孔隙类型，并且所选煤岩的孔隙度和渗透率都很低，所以为了尽量避免伤害煤层，考虑采用新型清洁压裂液进行压裂施工。

　　（3）因具有高模量比、极低强度特性，决定采用"砂堵"工艺技术。

　　（4）通过自制吸附解吸实验装置，研究了甲烷和 $CO_2$ 的吸附量随围压和孔隙压的变化规律。随着围压的增加，甲烷的峰高、峰面积和含量都呈现下降的态势，而二氧化碳则呈现出先增加、后下降的趋势。由此可知在现场施工的时候应注意注入 $CO_2$ 的时间和井下的压力问题。

　　（5）根据煤层结构的特殊性和它对压裂液性能要求的特殊性，受到"注入氮气或二氧化碳气体"增产煤层气的启发，将 $CO_2$ 分散至 VES 压裂液中形成泡沫体系并将其引入到煤层的压裂中。泡沫体系具有较好的返排能力，大大降低了滤失性，减小了压裂液对储层的伤害。

　　（6）筛选出注 $CO_2$-VES 泡沫体系的组成。该体系由基液和气体两部分组成。基液由阳离子表面活性剂、反离子助剂、起泡剂、稳泡剂、黏土稳定剂、温度稳定剂和水组成，气体为 $CO_2$。该压裂液的基液配制简单、方便，所用的化学制剂均来源广泛。

　　（7）注 $CO_2$ 清洁泡沫体系在 45 ℃下具有很好的稳定性。泡沫的稳定性受到很多因素的影响，泡沫质量、温度、起泡剂和稳泡剂的浓度等影响较大。随着温度的升高，泡沫的稳定性变差。这是因为泡沫的合并和泡沫排液变快引起的。在地层温度下，泡沫质量在 0.5～0.75 区间内，泡沫质量越大则泡沫的稳定性越好。而起泡剂和稳泡剂却不是加量越大泡沫才越稳定，当加量过大时，起泡能力反而下降，所起泡沫粒径分布变广，这样的液膜更容易变薄，加速了泡沫的衰变。

（8）对伴注 $CO_2$ 气体的清洁泡沫体系的评价过程中发现，该泡沫压裂液体系耐剪切，剪切 90 min 后，黏度的保留率约在 56%；悬砂性能也较好，单颗粒陶粒的沉降速率为 0.128 mm/s；滤失率低，由于泡沫中的气体产生的气阻作用和泡沫本身含液量少的原因，可以大大减少液体向储层裂缝的滤失；破胶彻底，破胶液的黏度低，残渣含量比聚合物低得多，对煤心渗透率的伤害小，它在解决煤层的压裂改造中具有明显的技术优势。

# 参考文献

[ 1 ] 於俊杰，朱玲，周波，邵立南，何绪文. 中国煤层气开发利用现状及发展建议[J]. 洁净煤技术，2009, 15(3): 5-8.

[ 2 ] 甘海龙. 试述中国煤层气开发利用现状及技术进展[J]. 山东工业技术. 2018, (08): 99.

[ 3 ] 宋岩，张新民，等. 煤层气成藏机制及经济开采理论基础[M]. 北京：科学出版社，2005：22-25.

[ 4 ] 谢勇强. 低阶煤煤层气吸附与解吸机理实验研究[D]. 西安：西安科技大学，2006.

[ 5 ] OZGEN K C, OKANDAN E. Assessment of energetic heterogeneity of coals for gas adsorption and its effect on mixture predictions for coalbed methane studies[J]. Fuel, 2000, 79(15): 1963-1974.

[ 6 ] LAXMINARAYANA C, CROSDALE P J. Role of coal type and rank on methane sorptioncharacteristics of Bowen Basin, Australia coals[J]. International Journal of Coal Geology, 1999, 40(4): 309-325.

[ 7 ] NGUYEN C, DO D D. Multicomponent Supercritical Adsorption in Microporous Activated Carbon Materials[J]. Langmuir, 2001, 17(5): 1552-1557.

[ 8 ] MURATA K, EL-MERRAOUI M, KANEKO K. A new determination method of absolute adsorption isotherm of supercritical gases under high pressure with a special relevance to density-functional theory study[J]. The Journal of Chemical Physics, 2001, 114(9): 4196-4205.

[ 9 ] CHABACK J J, MORGAN D, YEE D. Sorption Irreversibilities and Mixture Compositional Behavior During Enhanced Coal Bed Methane Recovery Processes[J]. Spe Gas Technology Symposium, 1996, 18(6): 431-438.

[10] M.D. DONOHUE, ARANOVICH G L. A new classification of isotherms for Gibbs adsorption of gases on solids[J]. Fluid Phase Equilibria, 1999, s158-160(5): 557-563.

[11] GEORGE J D S, BARAKAT M A. The change in effective stress associated

with shrinkage from gas desorption in coal[J]. International Journal of Coal Geology, 2001, 45(2): 105-113.

[12] GEORGE J D S, BARAKAT M A. The change in effective stress associated with shrinkage from gas desorption in coal[J]. International Journal of Coal Geology, 2001, 45(2): 105-113.

[13] PASHIN J C, CARROLL R E, GROSHONG R H, et al. Geologic screening criteria for equestration of $CO_2$ in coal: quantifying potential of the black warrior coafbedmethane fairway, Alabama[J]. Office of Scientific & Technical Information Technical Reports, 2003.

[14] KELLER J U, DREISBACH F, RAVE H, et al. Measurement of Gas Mixture Adsorption Equilibria of Natural Gas Compounds on Microporous Sorbents[J]. Adsorption, 1999, 5(3): 199-214.

[15] MURATA K, KANEKO K. Nano-range interfacial layer upon high-pressure adsorption of supercritical gases[J]. Chemical Physics Letters, 2000, 321(5-6): 342-348.

[16] MIYAWAKI J, KANEKO K. Pore width dependence of the temperature change of the confined methane density in slit-shaped micropores[J]. Chemical Physics Letters, 2001, 337(4-6):243-247.

[17] HARPALANI S, PARITI U M. Study of coal sorption isotherms using a multicomponent gas mixture[J]. Proceedings of the1993 International Coal Methane Symposium. Birmingham, 1993: 151-160.

[18] WONG S, MACLEOD K, WOLD M, et al. $CO_2$ enhanced coalbed methane Recovery DemonstrationAustralia[C], 2001 International coalbed methane Symposium, Tuscaloosa, Alabama, May 14-18, 2001, Pilot-A Case for 75-86.

[19] M. D. STEVENSON, PINCZEWSKI W V, SOMERS M L, et al. Adsorption/ Desorption of Multicomponent Gas Mixtures at In-Seam Conditions[C]// Spe Asia-pacific Conference. 1991: 741-755.

[20] GREAVES K H, OWENL B, MCLENNAN J D. Multi-component gas adsorption-desorption behavior of coal[C], Proceedings of the 1993 International Coalbed Methane Symposium , Tuscaloosa, Alabama, 1993: 197-205.

[21] 薄冬梅, 赵永军, 姜林. 煤储层渗透性研究方法及主要影响因素[J]. 油气地质与采收率, 2008(01): 18-21.

[22] 孙立东，赵永军. 沁水盆地煤储层渗透性影响因素研究[J]. 煤炭科学技术，2006, 34(10): 74-78.

[23] 周家尧，关德师. 煤储集层特征[J]. 天然气工业，1995, 15(5): 6-10.

[24] 王仲勋，郭永存. 煤层气开发理论研究进展及展望[J]. 天然气勘探与开发，2005, 28(4): 64-67.

[25] 朱志敏，杨春，沈冰. 煤层气及煤层气系统的概念和特征[J]. 新疆石油地质，2006, 27(6): 763-765.

[26] 张维嘉. 准格尔煤田储层孔隙-割理系统非均质性及其煤岩组成之间的关系[J]. 中国煤田地质，1997, 9(4): 28-32.

[27] 毕建军，苏现波，韩德馨，等. 煤层割理与煤级的关系[J]. 煤炭学报，2001, 26(4): 346-349.

[28] 傅雪海，秦勇，叶建平，等. 中国部分煤储层解吸特性及甲烷采收率[J]. 煤田地质与勘探，2000, 28(2): 19-22.

[29] 李小彦，司胜利. 我国煤储层煤层气解吸特征[J]. 煤田地质与勘探，2004, 32(3): 27-29.

[30] 张晓东，秦勇，桑树勋. 煤储层吸附特征研究现状及展望[J]. 中国煤田地质，17(1): 16-19.

[31] ZHOU L, ZHOU Y P. Linearization of adsorption isotherms for high-pressure applications-Argon and methane onto graphitized carbon black[J]. Chemical Engineering Science, 1998, 53(14): 2531-2536.

[32] ZHOU L, ZHOU Y. A mathematical method for determination of absolute adsorption from experimental isotherms of supercritical gases[J]. Chinese Journal of Chemical Engineering, 2001, 9(1): 110-115.

[33] 胡宝林，等. 新疆地区侏罗系中低变质煤储层吸附特征及煤层气资源前景[J]. 现代地质，2002, 16(1): 77-82.

[34] 钟玲文，郑玉柱，等. 煤在温度和压力综合影响下的吸附性能及气含量预测[J]. 煤炭学报，2002, 27(6): 581-585.

[35] 钟玲文，郑玉柱，员争荣. 煤在温度和压力综合影响下的吸附性能及气含量预测[J]. 煤炭学报，2002, 27(6): 581-585.

[36] 钟玲文，张新民. 煤的吸附能力及其煤化程度和煤岩组成间的关系[J]. 煤田地质与勘探，1990, 18(4): 29-35.

[37] 何学秋，聂百胜. 孔隙气体在煤层中的扩散的机理[J]. 中国矿业大学学报，2001, 30(1): 1-4.

[38] 徐龙君，鲜学福. 煤层气赋存状态及提高煤层气采收率的研究[J]. 中国煤层气，2005, 2(3): 9-15.

[39] 崔永军. 煤对 $CH_4$-$N_2$-$CO_2$ 及多组分气体吸附的研究[D]. 北京：煤炭科学研究总院，2003.

[40] 唐书恒，杨起，等. 注气提高煤层甲烷采收率机理及实验研究[J]. 石油实验地质，2002, 24(6): 545-549.

[41] 孙培德. 煤与甲烷气体相互作用机理的研究[J]. 煤，2000(01): 18-21.

[42] 胡涛，马正飞，等. 吸附热预测吸附等温线[J]. 南京工业大学学报（自然科学版），2002, 24 (2): 34-38.

[43] 马志宏，郭勇义，吴世跃. 注入二氧化碳及氮气驱替煤层气机理的实验研究[J]. 太原理工大学学报，2001, 32(4): 335-338.

[44] 贺天才，秦勇. 煤层气勘探与开发利用技术[M]. 江苏：中国矿业大学出版社，2007: 275-279.

[45] VISHNUKUMAR J N. Enhanced Coal Bed Methane Recovery Using Nitrogenase Enzyme[J]. SPE 113033, 2007.

[46] JADHAV M V. Enhanced Coal bed Methane Recovery Using Microorganisms[J]. SPE 105117, 2007.

[47] 吴佩芳. 煤层气开发的理论与实践[M]. 北京：地质出版社，2000: 50-59, 14-15.

[48] KAISER W R, AYERS W B. Geologic and Hydrologic Characterization of Coalbed-Methane Reservoirs in the San Juan Basin[J]. SPE Formation Evaluation, 1994, 9(03): 175-184.

[49] 陈馥，王安培. 国外清洁压裂液的研究进展[J]. 西南石油学院学报，2002, 24(5): 65-67.

[50] 张高群，刘通义. 煤层压裂液和支撑剂的研究及应用[J]. 油田化学. 1999, 16(01), 17-20.

[51] 赖南君. 就地类泡沫压裂液体系研究[D]. 成都：西南石油大学，2006.

[52] 赵庆波. 煤层气地质与勘探术[M]. 北京：石油工业出版社，1999: 136.

[53] 丛连铸，等. 煤层气储层压裂液添加剂的优选[J]. 油田化学. 2004, 21(3): 221-223.

[54] 赵庆波. 煤层气地质与勘探技术[M]. 北京：石油工业出版社，1999: 111-139.

[55] 王正烈，周亚平，李松林，等. 物理化学(下册)[M]. 北京：高等教育出版社，2002, 164-174.

[56] 颜肖慈，罗明道. 界面化学[M]. 北京：化学工业出版社，2005.

[57] WARD, VICTOR L. $N_2$ and $CO_2$ in the Oil Field: Stimulation and Completion

Applications(includes associated paper 16050)[J]. SPE Production Engineering, 1986, 1(04): 275-278.

[58] 蒋庆哲，宋昭峥，等. 表面活性剂科学与应用[M]. 北京：中国石化出版社，2006, 298-301.

[59] 尹忠，陈馥，等. 泡沫评价及发泡剂复配的实验研究[J]. 西南石油学院学报，2004, 26(4): 56-58.

[60] 王增林. 强化泡沫驱提高原油采收率技术[M]. 北京：中国科学技术出版社，2007: 20-24.

[61] 赵世民，等. 表面活性剂-原理合成测定及应用[M]. 北京：中国石化出版社，2005, 230-233.

[62] 王珂昕. 二氧化碳压裂液技术浅析[J]. 油气田地面工程，2008, 27(8): 79-79.

[63] 杨振，吴明华. 阴/阳离子二元表面活性剂复配体系的发泡性能研究[J]. 浙江理工大学学报，2007, 24(2): 143-147.

[64] 孟巨光，胡纪华. 十二烷基磺酸钠/十二烷基硫酸钠及十二烷基磺酸钠/十六烷基三甲基溴化铵复配体系胶团的研究[J]. 精细化工，1992(Z1): 80-83.

[65] 王培义，徐宝才，等. 表面活性剂：合成·性能·应用[M]. 北京：化学工业出版社，2007: 372-376.

[66] 丛连铸，等. $CO_2$ 泡沫压裂在煤层气井中的适应性[J]. 钻井液与完井液，2005, 22(1): 51-53.

[67] 曾忠杰. 二氧化碳泡沫压裂液流变性及压裂设计模型研究[D]. 成都：西南石油大学，2006: 15.

[68] 王志刚，王树众，等. 超临界 $CO_2$-瓜胶泡沫压裂液流变特性研究[J]. 石油与天然气化工，2003, 32(1): 42-45.

[69] CRAFT J R, WADDELL S P, MCFATRIDGE D G. $CO_2$-Foam Fracturing With Methanol Successfully Stimulates Canyon Gas Sand[J]. SPE Production Engineering, 1992, 7(02): 219-225.

[70] HOFFMANN H, ULBRICHT W. Transition of rodlike to globular micelles by the solubilization of additives[J]. Journal of Colloid and Interface Science, 1989, 129(2): 388-405.

[71] GARBIS S J, TAYLOR J L. The Utility of $CO_2$ as an Energizing Component for Fracturing Fluids[J]. SPE Production Engineering, 1986, 1(05): 351-358.

[72] KIM J, DONG Y, ROSSEN W R. Steady-State Flow Behavior of $CO_2$ Foam[J]. SPE Journal, 2005, 10(04): 405-415.

[73] 周继东，朱伟民，等. 二氧化碳泡沫压裂液研究与应用[J]. 油田化学，2004(04): 316-319.

[74] 刘一江，等. 聚合物和二氧化碳驱油技术[M]. 北京：中国石化出版社，2001: 10.

[75] 张振楠，孙宝江. 产液气井泡沫排液起泡能力分析[J]. 石油学报 2019，40(1): 108-114.

[76] HALL R, CHEN Y, POPE T, et al. Novel $CO_2$-Emulsified Viscoelastic Surfactant Fracturing Fluid System[C]// Spe European Formation Damage Conference. SPE 94603, 2005.

[77] 蒋庆哲，宋昭峥，等. 表面活性剂科学与应用[M]. 北京：中国石化出版社，2006, 173-182.

[78] CLARK S R, PITTS M J, SMITH S M. Design and Application of an Alkaline-Surfactant-Polymer Recovery System to the West Kiehl Field[J]. Spe Advanced Technology, 1993, 1(1): 172-179.

[79] VASSENDEN F, HOLT T. Society of Petroleum Engineers SPE/DOE Improved Oil Recovery Symposium - Tulsa, Oklahoma (1998-04-19) SPE/DOE Improved Oil Recovery Symposium - Experimental Foundation for Relative Permeability Modeling of Foam[J]. SPE Reservoir Evaluation & Engineering. SPE 39660, 1998.

[80] 卢拥军. 有机硼 BCL-61 交联植物胶压裂液[J]. 油田化学，1995, 12(4): 318-323.

[81] MOORE R D, BOUR D L, REED S, et al. High-Temperature Wells with Lost-Circulation Demands and Reverse Circulation Placement Technique Using Foamed Cement Systems: Two Case Histories[J]. SPE Drilling & Completion, 2005, 20(02): 133-140.

# 致　谢

本书的研究工作是在西南石油大学陈馥教授的悉心指导下完成的。她渊博的学识、丰富的现场经验、严谨的治学态度、对学术研究执着的追求和诚恳亲切的育人作风使我受益良多。

感谢在研究过程中给予大量帮助的化工院实验室粟松涛老师、国家重点实验室韩林老师以及成都理工大学的洪成云和向阳老师。

感谢实验室的师弟师妹们以及研究生黄强为本书的顺利完成给予的大力帮助，在此对他们表示衷心的感谢。

感谢辽河长城钻探公司煤层气开发公司的各位领导的大力支持。

再次向所有帮助过作者的老师、同学、亲人、朋友表示感谢，谨以此文献给他们，祝他们一生平安！